U0166713

高蛋白低碳水优质早餐

萨巴蒂娜◎主编

中国轻工业出版社

初步了解全书

看着名字就流口水

时间、难易度清楚明了

热量参考，让你吃得心中有数

品尝菜肴也是有情怀的

需要用到的食材一目了然，要打有准备的仗

详尽直观的操作步骤让你简单上手

烹饪秘籍，让你与美味不再失之交臂

- 为了确保菜谱的可操作性，本书的每一道菜都是经过试做、试吃，并且是现场烹饪后直接拍摄的。
- 本书每道食谱都有步骤图、烹饪秘籍、烹饪难度和烹饪时间的指引，确保你照着图书一步步操作便可以做出好吃的菜肴，不过具体用量和火候的把握需要你经验的累积。
- 书中部分菜品图片含有装饰物，不作为必要食材元素出现在菜谱文字中，读者可根据自己的喜好增减。
- 书中菜品的制作时间为烹饪时间，通常不含食材浸泡、冷藏、腌制等准备时间。

这本书因何而生

早餐，最重要却又最容易被忽视的一餐，在这本书中，教你提升早餐质量，从而促进身体健康。不要以为早餐馒头、稀粥吃饱就行，现在的你，需要的是高质量的早餐。

很多人的早餐都是以米面等主食为主，虽然它们中含有的糖类能提供早上活动所需的能量，但一个人真的不用那么多的糖来供能。那些"碳水怪兽"诸如白米粥、糖油饼、油条等，只会增加你的身体负担。真正应该提升的，是早餐中蛋白质的占比。

这本书就为你呈现了近百道高蛋白质含量的优质早餐，翻一翻就知道，原来没有了那些"碳水怪兽"，早餐也能有这么多的花样，还更加好吃！

这本书都有什么

这本书不仅能提升你的早餐质量，更能打开你做早餐的思路，可盐可甜，无论你是萌妹御姐，还是暖男直男，这本书的早餐都能满足你的需求。

这本书会告诉你，治愈系的早餐长什么样；教会你刷爆网络的 10 款沼三明治；你想要多睡 15 分钟，也有更高效的快手早餐等着你；中式早餐，在这里也可以很潮；蛋白质最佳来源之一的鸡蛋，看看怎么把它做成吃不起的样子。

"授人以鱼不如授人以渔"，我们在全书最开始，帮你剖析了如何培养更好的早餐习惯、如何提升早餐蛋白质含量的种种方法，希望你能将这些小心思用到你每一天的元气早餐中哦！

卷首语
早餐，是健康的开始

　　我大概是一年多以前开始改变饮食结构的，主要表现在：尽量不吃人工添加糖，尽量少吃精致碳水化合物，与此同时，增加了蛋白质、优质脂肪和绿叶蔬菜的摄取。大概用了三个月的时间来适应全新的饮食，坚持了这么久，获益良多，因此我打算一直这么吃下去。

　　这一年，良好的饮食真的对身体帮助很大。在没有增加运动的前提下，我感觉身体的肌肉量增加了，体力变好了，睡眠质量提高，身体炎症消失，不上火，也很少感冒，与此同时，情绪也得到了很好的改善（每个人的情况都不相同，此处只代表我的情况）。

　　以前我的健身教练说"三分练、七分吃"，我更把这个比例提高到"一分练、九分吃"。而且如果你平日繁忙，没有时间健身，就更应该采取健康营养的食谱。

　　一天三餐，若说哪一顿最重要，当然是早餐了。早晨不仅要吃饱，更要吃得科学，才能给人提供足够的动力。我经常会头一天晚上就开始筹备第二天的早餐。美味又能量满满的早餐，让我第二天早晨吃得心满意足。一顿美好的早餐可以让我保持注意力，工作很久都不饿，而且也不觉得困乏。

　　现代人面临的饮食问题是，营养不足而热量过剩。热量过剩会产生肥胖，所以想减肥的人就更刻意减少饮食，从而进一步造成营养不足（尤其是缺少优质蛋白质和优质脂肪）。所以这本书，给你提供了一些提升早餐质量、能吃饱吃好、营养素搭配合理的早餐方案，供你参考和实践。

　　早餐是健康的开始，让我们善待自己的身体，做一个拥有良好生活习惯和积极阳光姿态的社会人。

高欣茹

萨巴蒂娜
个人公众订阅号

萨巴小传：本名高欣茹。萨巴蒂娜是当时出道写美食书时用的笔名。曾主编过八十多本畅销美食图书，出版过小说《厨子的故事》，美食散文集《美味关系》。现任"萨巴厨房"主编。

敬请关注萨巴新浪微博 www.weibo.com/sabadina

目 录
CONTENTS

计量单位对照表

1 茶匙固体材料 =5 克   1 茶匙液体材料 =5 毫升

1 汤匙固体材料 =15 克   1 汤匙液体材料 =15 毫升

第一章
治愈系早餐长什么样

南瓜鹌鹑蛋双色沙拉
016

烤南瓜藜麦沙拉
018

煎蛋吐司
020

鸡蛋奶酪吐司
022

蛋奶吐司盒子
024

法式太阳蛋三明治
026

南瓜奶酪帕尼尼
028

鸡胸肉杂蔬汉堡
030

第二章
刷爆网络的沼三明治

午餐肉嫩蛋沼三明治

066

炸猪排沼三明治

068

土豆大满足沼三明治

070

南瓜奶酪沼三明治

072

牛油果鲜虾沼三明治

074

满满牛肉沼三明治

076

第三章
让你多睡15分钟的快手早餐

牛油果开放吐司

078

超人气口袋三明治

080

美式小酒馆吐司

082

全麦金枪鱼三明治

083

肉桂烤南瓜溏心蛋沙拉

084

土豆蟹柳棒沙拉

086

照烧鸡腿肉蔬菜沙拉

088

开放小黄瓜沙拉

090

鸡肉魔芋沙拉

092

燕麦随心杯

093

蓝莓坚果燕麦碗

094

酒酿蛋奶燕麦粥

096

第四章
谁说中式早餐不够洋气

第五章
把鸡蛋做成"吃不起"的样子

沙拉蛋三明治
158

鲜虾西蓝花蛋饼
160

罗勒奶酪蛋饼
162

鸡蛋可乐饼
164

网红牛油果鲜虾蛋卷
166

培根吐司鸡蛋卷
168

超蘑蛋卷
170

鸡蛋卷小寿司
172

爆浆奶酪厚蛋烧
174

菠菜虾仁玉子烧卷
176

香葱玉子烧
178

三文鱼鸡蛋塔塔
180

低卡古早蛋糕
182

玉米面蛋松饼
184

天津饭
186

牛奶鸡蛋小醪糟
187

蔬菜鸡蛋杯
188

美好一天从早餐开始

早餐，养成健康饮食习惯的黄金一餐

享受神奇的鸡蛋

> **鸡蛋**，一种神奇的食物，便宜却营养丰富。一个小小的鸡蛋里包含了人体所需的全部氨基酸、维生素和矿物质，不仅能让我们饱腹感满满，还有助于控制血糖。

科学家发现：极少或者不吃鸡蛋的人，其胆固醇的水平和吃大量鸡蛋的人相同。所以别再害怕鸡蛋，尤其是总被人说高胆固醇的蛋黄。

鸡蛋是开启一天的完美早餐食材，它奠定了你这一天的身体基调。请享受一个鸡蛋给身体带来的变化吧！

从现在开始，追求低碳水、高纤维

低碳水和低脂肪你会选择哪种？我想大多数人都会选择低脂肪，但最新研究表明，低碳水饮食比低脂肪饮食更能有效减脂、降低身体的负担。所以我们在张开双手拥抱天然脂肪的同时，也要降低碳水化合物的摄入，这样才能保证减脂、减重事半功倍。

当然，低碳水饮食要搭配更多的高纤维食物才能发挥作用。低碳水降低了身体负担，高纤维饲养了肠道菌群。所以别再抵触摄入脂肪，你需要做的是减少碳水，增加天然优质脂肪和膳食纤维。

避开人工添加糖

糖，无处不在，但这里说的并不是水果、蔬菜中的糖分，而是人工制成的、包装食品中的人造添加糖。它们可能打着不同的标签：甘蔗糖、麦芽糖、焦糖、果糖、糖浆……当吃进这种添加糖的时候，不仅摄入了过多的热量，也增加了消化系统的负担。

也许你吃的是天然食物，但有了添加糖的加入，它将变得不再天然。所以，不要大把大把将糖撒在你烹饪的食物上，也别再喝含有添加糖的饮料，开始选择水果而不是糖果。

慢慢地，你会发现身体的变化，就会为自己不吃糖而感到幸运。

脂肪必不可少

脂肪并不是魔鬼，只是我们要选择优质的脂肪，限制摄入危害我们健康的脂肪，这样才能与之友好相处。

我们的身体需要的是不饱和脂肪，它对人体十分有益，对胆固醇水平、血糖调节大有益处，常见的就是橄榄油、花生油、牛油果等。我们需要限制的是饱和脂肪酸、反式脂肪酸和胆固醇的摄入，它们通常能在各种速食食品、加工食品中找到。

优质的脂肪能增添食物风味、提升你的脑力，而人造脂肪只会加重你的身体负担。在日常饮食中做出明智的选择吧！

如何正确摄入蛋白质

富含优质蛋白质的食物最适合早餐吃

优质蛋白质也叫完全蛋白，这类蛋白质需要满足两个条件，一是含有人体所需的9种必需氨基酸，二是氨基酸的配比容易被人体吸收。满足这两个条件的动物性优质蛋白分别存在于鸡肉、牛肉、鸡蛋、牛奶、鱼肉中；植物性优质蛋白主要存在于大豆中。

不完全蛋白质，日常饮食要少碰

　　不完全蛋白质是指含有的氨基酸种类不全，比例也不适当，进入体内后经过消化、吸收，变成了非人体必需的氨基酸，不但不能被人体利用，反而会增加肾脏的负担，比如快餐店的汉堡、炸鸡，超市的培根、冰激凌等。这些食物重油、高糖，不仅含有大量脂肪，还会使胆固醇升高，对人体十分不利。

蛋白质并非越多越好

　　跟很多食物一样，过犹不及。蛋白质虽然是饮食的重要组成部分，但并不意味着越多越好。过量的蛋白质不会帮助你燃烧更多的脂肪、储存肌肉，不会让你变得更强壮。

　　据研究得出，女性每天最好摄入不超过 45 克的蛋白质、男性最好不超过 56 克。转化成我们常见的食物，这个数据就直观很多，1 个鸡蛋含有的蛋白质是 6 克左右、100 克的瘦肉含有的蛋白质是 20 克左右。

　　蛋白质摄入过量会促使钙质流失，还会加重肾脏负担。不要盲目补充蛋白质，不仅浪费，还会造成身体的负担。

令你一天精神满满的早餐食材清单

谷物早餐

　　谷物早餐泛指由多种谷物制作而成的早餐食品，市面上常见的有玉米片、燕麦片、格兰诺拉麦片，这些都属于谷物早餐。

> **玉米片：**其中只含有玉米片，可以用牛奶、燕麦奶等浸泡后食用。
>
> **燕麦片：**一般市面上常见的就是即食和快熟燕麦片，可以与牛奶一同熬煮食用。
>
> **格兰诺拉麦片：**通常由燕麦片、坚果、水果干、黄油、蜂蜜等材料经过烘烤而成，口感香甜酥脆，最适合搭配酸奶一同食用。

面包

面包是现在早餐餐桌上的常客，方便快捷还美味，深受年轻人的喜爱。

吐司： 吐司的形态多样，有英式山形吐司、全麦吐司、核桃仁吐司，最常见的吃法就是切片涂抹奶酪、果酱直接食用，或者搭配新鲜的时蔬、鸡蛋做成三明治、帕尼尼等。

贝果： 贝果是将面团水煮之后再进行烤制，最初是在北美流行起来的。由于做法独特，面团的表面会发生糊化反应，烤制后的贝果嚼劲十足。近几年，贝果逐渐流行起来，也加入了各种材料做成不同口味、不同形态的，使人们的早餐有了更多元的选择。

法棍： 法式老式面包中最具代表性的就是法棍了，法棍一直深受法国人民的喜爱。法棍通常是由 350 克左右的面团制作成 70 厘米左右长的棒状面包，面包的表层一般会划 7 条花纹。烤制好的法棍外皮酥脆、内心蓬松柔软，二者平衡得恰到好处。

健康饮品

牛奶： 牛奶营养丰富、容易被人体吸收，是最理想的天然食物。牛奶中的蛋白质消化率高达 98%，含有的高质量脂肪消化率在 95%，钙、磷等矿物质比例适中。牛奶可以说是近乎完美的食品，但对于乳糖不耐受的人群而言，牛奶要加热后再饮用，以免喝进去的乳糖消化分解不掉。

希腊酸奶： 希腊酸奶也叫脱乳清酸奶，就是把酸奶中的乳清过滤之后得到的酸奶。希腊酸奶也可以被理解为浓缩版普通酸奶。希腊酸奶口感浓郁醇厚，口感更接近于奶酪。希腊酸奶可以搭配水果、坚果、燕麦等一起食用，也可以代替奶油、奶酪，放在松饼、面包上食用。

蔬果汁： 蔬果汁是保留天然风味的健康饮品，可以帮助人体吸收必要的营养素，还能消除蔬菜中的苦涩味，确保每日摄入的蔬果量，同时不含人工添加剂。选择时，最好挑选应季的、糖分含量较低的蔬果，比如苹果、蓝莓、柚子、黄瓜、西芹、胡萝卜等。除了使用纯净水搅打，也可以用牛奶、椰子水、豆浆等天然饮品制作蔬果汁。

第一章

治愈系早餐
长什么样

南瓜鹌鹑蛋双色沙拉

元气满满的一餐

🕐 30分钟

🔥 简单

🍚 鹌鹑蛋的新吃法，有了富含维生素A、有助于消
化的南瓜，不仅增加了口感，味道也更清爽了呢！

用料

鹌鹑蛋10颗 · 南瓜100克 · 香蕉半根 · 紫甘蓝半片
蜂蜜芥末酱1汤匙 · 黑胡椒碎适量

参考热量（千卡）

鹌鹑蛋200克··········320
南瓜100克··········· 23
香蕉100克··········· 93
紫甘蓝50克 ········ 12.5
蜂蜜芥末酱5克 ······16.05
合计················**464.55**

做法

❶鹌鹑蛋煮熟、剥壳。

❷南瓜去皮、去瓤，切小块。

❸切好的南瓜放入蒸锅蒸熟。

❹蒸好的南瓜捣碎成泥。

❺南瓜泥中加入蜂蜜芥末酱和黑胡椒碎搅拌。

❻紫甘蓝切细丝；香蕉切块。

❼将香蕉块、鹌鹑蛋和紫甘蓝放入碗中。

❽倒入南瓜沙拉酱，搅拌均匀即可。

烹饪秘籍

● 南瓜除了蒸之外，还可以盖上一层保鲜膜，放入微波炉高火加热8分钟。
● 若南瓜没有用完，可以将南瓜瓤刮干净，用保鲜膜包好，放入冰箱冷藏保存。

烤南瓜藜麦沙拉
南瓜的花样吃法

🕐 40分钟

🔥 简单

用料

藜麦30克　秋葵4根　贝贝南瓜半个　彩椒半个
橄榄油适量　黑醋10毫升　黑胡椒适量　海盐适量

参考热量（千卡）

藜麦30克 ············ 107.1
秋葵40克 ·············· 10
贝贝南瓜100克 ········ 23
彩椒50克 ············· 13
黑醋10毫升 ··········· 9.1
合计················ **162.2**

做法

❶藜麦放入水中浸泡1小时，淘洗干净后控干水分。

❷藜麦放入锅中，加入藜麦量两倍的水，煮至透明状。

❸贝贝南瓜对半切开，取出瓜瓤。

❹彩椒切小块。

❺在烤盘中铺上锡纸，放上切开的南瓜和彩椒小块，烤箱提前预热至180℃，烤20分钟。

❻锅中烧开水，放入秋葵，焯熟后切片。

❼将黑醋、橄榄油、黑胡椒和海盐搅拌均匀，调成沙拉汁。

❽将沙拉汁倒入藜麦、彩椒和秋葵中，搅拌均匀。

❾将搅拌好的藜麦沙拉舀入南瓜中即可。

烹饪秘籍

煮藜麦的诀窍就是：加入藜麦量两倍的水，小火熬煮至水分收干，藜麦就熟了。

这款沙拉中仍旧拥有美味、营养、低负担的食物，尽管少油少盐，却也能带来味蕾的满足。

煎蛋吐司

吐司还能这样吃

🕐 20分钟

🔥 简单

🥟 一片普普通通的白吐司也能搞定一顿早餐！不信？来看看这种做法，简单方便，却十分上瘾！

ELICIOUS

r online shop
k.jiyoujia.com

WELCOME TO OUR MOMO'S KITCHEN

M

GOURMET 1992

用料

吐司1片·奶酪片1片·
鸡蛋2个·黄油适量·
番茄酱适量

参考热量（千卡）

吐司100克	254
奶酪片20克	48.8
鸡蛋100克	139
黄油5克	44.4
番茄酱10克	13.8
合计	**500**

做法

① 吐司对半切开，奶酪片对半切开。

2 鸡蛋打入碗中，搅拌均匀。

3 平底锅烧热，放入黄油，倒入蛋液。

④ 放入两片吐司，中间留3厘米的空隙。

5 小火煎至底部蛋液凝固，翻面。

6 先将蛋饼的四周按照吐司边收口成长方形。

7 一半涂抹一层番茄酱，另一半放上奶酪片。

8 将吐司对折，再加热30秒至奶酪融化即可。

烹饪秘籍

● 煎吐司的时候要全程保持小火，这样煎出来的吐司不会过焦，口感刚刚好。

鸡蛋奶酪吐司
创意满分

🕐 30分钟

🔥 简单

用料

切片吐司1片 · 鸡蛋1个 · 红黄彩椒30克 ·
洋葱30克 · 马苏里拉奶酪碎30克 · 黄油10克 ·
黑胡椒粉1/4茶匙

参考热量（千卡）

吐司100克	254	马苏里拉奶酪碎30克	89.4
鸡蛋50克	69.5	黄油10克	33.1
红黄彩椒30克	7.8	**合计**	**465.8**
洋葱30克	12		

做法

❶ 红黄彩椒洗净，去蒂切丝。

❷ 洋葱去皮、切丝。

❸ 将烤箱预热至180℃。

❹ 锅加热，放入黄油，放入红黄彩椒丝和洋葱丝煸炒，放黑胡椒粉，炒匀。

❺ 在吐司四周放上炒好的彩椒丝和洋葱丝。

❻ 在中间打1个鸡蛋。

❼ 撒上马苏里拉奶酪碎。

❽ 将吐司放入180℃烤箱，烤8分钟即可。

烹饪秘籍

● 打入鸡蛋时蛋液可能会流下来，所以要用彩椒丝和洋葱丝固定四周，中心要给鸡蛋留出空位。

好像没有吐司搭配不了的食物，有了奶酪的加入，吐司也有了更加丰富的口感。

蛋奶吐司盒子

口口好滋味

🕐 20分钟

🔥 简单

🐣 生活的仪式感就在于，同样的食材也可以探究出不同的做法。吃下的那一刻就会感叹：小脑瓜儿果然要经常动一动！

用料

吐司3片 · 鸡蛋1个 · 白糖5克 · 牛奶60毫升
香蕉半根 · 蓝莓适量 · 糖粉适量

参考热量（千卡）

吐司250克	635
鸡蛋50克	69.5
白糖5克	19.8
牛奶60毫升	39
香蕉50克	46.5
蓝莓20克	11.4
合计	**821.2**

做法

❶ 取三片吐司叠加在一起，从中间去除吐司心。

❷ 将吐司心切小块。

❸ 将鸡蛋打入碗中，加入白糖和牛奶搅拌均匀。

❹ 将吐司心放入蛋奶液中浸泡。

❺ 烤盘上铺一层烘焙纸，放上吐司边和吐司心。

❻ 放入提前预热至180℃的烤箱中烤10分钟。

❼ 将香蕉切片，蓝莓洗净。

❽ 将烤好的吐司心填入吐司边中，再摆上香蕉片和蓝莓。

❾ 筛一层糖粉即可。

烹饪秘籍

如果没有烤箱或者时间比较紧，吐司也可放入平底锅，小火慢煎至金黄即可。

法式太阳蛋三明治

⏱ 30分钟

🔥 简单

复刻咖啡店的经典三明治

用料

杂粮吐司2片　鸡蛋1个　火腿片1片　奶酪片1片
马苏里拉奶酪适量　黑胡椒碎适量　海盐适量
油少许

参考热量（千卡）

杂粮吐司150克⋯⋯⋯381
鸡蛋50克 ⋯⋯⋯⋯ 69.5
火腿片20克 ⋯⋯⋯48.8
奶酪片20克 ⋯⋯⋯48.2
马苏里拉奶酪10克⋯ 29.8
合计⋯⋯⋯⋯⋯⋯ 577.3

做法

❶将烤箱预热至180℃。

❷取一片杂粮面包放上火腿片和奶酪片。

❸盖上另一片面包，放上马苏里拉奶酪。

❹放入180℃的烤箱烤5分钟。

❺平底锅烧热，刷油，打入1个鸡蛋后转小火，做成蛋白凝固，蛋黄流心的太阳煎蛋。

❻取出烤好的吐司，放上太阳煎蛋，撒上黑胡椒碎和海盐即可。

烹饪秘籍

● 煎太阳蛋的秘诀是：少油，制作时转成最小火慢煎。
● 鸡蛋最好选用无菌的可生食鸡蛋。

口感扎实的杂粮面包，搭配柔软的奶酪，再来一个让人无法拒绝的完美太阳蛋，有层次的早餐也可以很简单！

南瓜奶酪帕尼尼

属于春季的颜色

🕐 30分钟

🔥 简单

制作方法简单，却能得到一款拥有浓郁南瓜香的帕尼尼。热量低、饱腹感高是它最赞的地方！

用料

吐司2片 · 贝贝南瓜1/4个 ·
牛奶20毫升 · 奶酪1块

参考热量（千卡）

吐司150克…………424.5
贝贝南瓜200克………… 46
牛奶20毫升　………… 13
奶酪20克　………… 65.6
合计……………… **549.1**

做法

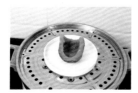

❶贝贝南瓜洗净去瓤，
放入蒸锅蒸熟。

❷将蒸好的南瓜捣碎，
加入牛奶搅拌均匀。

❸取一片吐司均匀涂抹
上奶酪。

❹紧接着涂抹南瓜牛
奶泥。

❺盖上另一片吐司。

❻将准备好的吐司放入
帕尼尼机器/模具中，加
热5分钟即可。

烹饪秘籍

● 南瓜除了用蒸锅蒸，还可以切小块，放入微波炉专用碗中，
高火加热5分钟。

鸡胸肉杂蔬汉堡

汉堡也能很健康

🕐 40分钟

🔥 简单

用料

鸡胸肉100克 · 胡萝卜1/3根 · 鸡蛋1个 ·
番茄1片 · 生菜适量 · 酸黄瓜1根 ·
低脂蛋黄酱适量 · 黑胡椒碎适量 ·
海盐适量 · 料酒2茶匙

参考热量（千卡）

鸡胸肉100克 ·········	118	生菜10克 ·············	1.6
胡萝卜30克 ·········	11.7	酸黄瓜10克 ··········	2.6
鸡蛋50克 ·············	69.5	低脂蛋黄酱10克 ··	69.6
番茄10克 ·············	1.5	**合计** ················	**274.5**

做法

❶ 鸡胸肉切小块，放入料理机中，搅打成肉泥。

❷ 在鸡胸肉泥中加入鸡蛋、料酒、海盐和黑胡椒碎，搅拌均匀。

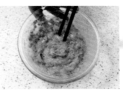

❸ 胡萝卜切小丁，放入鸡胸肉泥中，完全搅拌均匀。

❹ 将鸡胸肉泥分成2份，制成2个小圆薄饼。

❺ 在烤盘中铺上一层油纸，放上鸡胸肉饼，放入提前预热至180℃的烤箱中烤15分钟。

❻ 将生菜洗净，酸黄瓜切片。

❼ 取一片烤好的鸡胸肉饼作为饼坯，依次叠放生菜、番茄片、酸黄瓜片，挤上蛋黄酱。

❽ 盖上另一片鸡胸肉饼即可。

烹饪秘籍

● 除了可以用烤箱烤鸡胸肉饼外，也可以用平底锅煎，锅热不放油，放入肉饼小火煎至两面金黄即可。

一提到汉堡总是伴随着"罪恶""高热量""垃圾食品"这些词。其实汉堡也能吃得很健康、很美味，一起来试试这款吧！

奶酪溏心蛋堡

鸡蛋的新吃法

🕐 20分钟

🔥 简单

这是一款即使是忙碌的早晨，也能快速做好的"简单汉堡"，搭配一杯咖啡或牛奶，美好的一天由此开启。

用料

英式玛芬1个 · 鸡蛋1个 · 培根2片 ·
奶酪片1片 · 黑胡椒碎适量

参考热量（千卡）

英式玛芬50克 …… 114
鸡蛋50克 ………… 69.5
培根20克 ………… 78.8
奶酪片20克 …… 48.2
合计 ………… **310.5**

做法

❶将英式玛芬从中间横向切开。

❷热锅，放入英式玛芬，小火煎至微焦，取出备用。

❸将蛋打入锅中，将蛋黄弄破，制成全熟煎蛋。

❹放入培根煎至微焦。

❺取一半英式玛芬，放上奶酪片、煎蛋、培根，撒上黑胡椒碎。

❻盖上另一半即可。

烹饪秘籍

● 将蛋黄弄碎煎至全熟的鸡蛋，能最大程度上保留煎蛋的滑嫩，若直接小火慢煎，待鸡蛋全熟时，口感会过焦、过老。

时蔬卷饼比萨

快手比萨

🍴 忙碌的早晨也能吃到自制比萨，利用超简单的食材，复制比萨的风味！

🕐 25分钟

🔥 简单

用料

市售成品卷饼1张 · 青椒50克 · 红黄椒50克 · 鸡胸肉100克 · 马苏里拉奶酪50克 · 番茄酱1汤匙 · 食用油适量

参考热量（千卡）

卷饼100克 …………	304
青椒50克 …………	11
红黄彩椒50克 ……	13
鸡胸肉100克 ……	118
马苏里拉奶酪50克 …	149
番茄酱15克 ………	12.45
合计…………………	**607.45**

做法

❶青椒、红黄椒洗净去蒂，切成小丁。

❷鸡胸肉洗净，去筋膜，切成小丁。

❸热锅冷油，放入各色椒丁，炒熟盛出。

❹锅中放入鸡胸肉丁炒熟。

❺将卷饼放入盘子中，均匀地涂抹上番茄酱。

❻放上炒好的鸡胸肉丁和各色椒丁。

❼均匀地撒上一层马苏里拉奶酪。

❽ 放入微波炉，中火加热1分钟即可。

烹饪秘籍

● 如果时间充裕，也可用烤箱替代微波炉，180℃加热10分钟即可。

俄式煎薄饼

周末的小满足

🕐 40分钟

🔥 简单

时间充裕的周末，给自己准备一道稍微复杂，但味道很好的早餐吧！松软的口感让人无法拒绝！

用料

高筋面粉100克 · 蜂蜜1茶匙 · 酵母粉1/4茶匙 ·
鸡蛋1个 · 牛奶200毫升 · 奶油适量 · 鲑鱼子适量

参考热量（千卡）

高筋面粉100克 ……	362
蜂蜜5克 …………	16.05
鸡蛋50克 …………	69.5
牛奶200毫升 ……	130
奶油5克 …………	43.95
合计………………	**621.5**

做法

❶ 将高筋面粉、酵母粉和蜂蜜放入碗中，加入鸡蛋和牛奶，搅拌至均匀无颗粒。

❷ 盖上一层保鲜膜，放在温暖的地方发酵30分钟，面糊有气泡即可。

❸ 锅热后转中火，舀入1汤匙面糊。

❹ 待表面有气泡产生时翻面，再煎10秒即可盛出。

❺ 将煎好的薄饼叠放在一起。

❻ 舀上1汤匙奶油，摆上鲑鱼子即可食用。

烹饪秘籍

- 面团发酵膨胀至1倍时就可以拿来做薄饼，这样煎出来的薄饼口感松软。
- 煎饼的时候，每煎完一张，让锅冷却十几秒，再煎下一张。

网红无米炒饭的姐妹篇来啦！无面粉蛋饼，口感却丝毫不逊色，喜欢吃中式早餐的人们，一定不要错过这款呀！

菜花蛋饼
伪装版蛋饼

🕐 20分钟

🔥 简单

用料

菜花100克 · 鸡蛋2个
小葱3根 · 盐1/4茶匙

参考热量（千卡）

菜花100克 ·············· 20
鸡蛋100克 ·········· 139
小葱20克 ·············· 5.4
合计·················· **164.4**

做法

❶ 菜花洗净，放入搅拌机打碎。

❷ 小葱洗净，切成葱花。

❸ 在打好的菜花碎里加入鸡蛋、葱花和盐，搅拌均匀。

❹ 热锅冷油，舀入1汤匙蛋糊，转动锅体摊平。

❺ 小火煎至底部微焦，翻面。

❻ 煎至两面金黄即可。

烹饪秘籍

● 买回来的菜花，洗净后放入盐水中浸泡30分钟，再用流水冲洗干净，这样能将菜花里面的虫卵和脏东西洗出来。

红薯奶酪小饼
冬日里的温暖

🕐 30分钟

🔥 简单

参考热量（千卡）

红薯150克 …………	129
糯米粉100克 …………	350
奶酪10克 …………	32.8
白糖10克 …………	39.6
合计 …………	551.4

用料

红薯1个 · 糯米粉100克 · 奶酪适量 · 白糖10克

做法

❶ 红薯洗净，去皮、切块，放入锅中蒸熟。

❷ 将蒸好的红薯捣碎。

❸ 在红薯泥中加入100克糯米粉、10克白糖，揉成面团。

❹ 将揉好的面团均匀地分成若干小面团。

❺ 将每个小面团放入手心压扁，包入奶酪碎，制成小圆饼。

❻ 将平底锅烧热，刷一层薄薄的油，放入小圆饼，小火煎至两面金黄即可。

烹饪秘籍

● 红薯除了蒸熟之外，还可以盖上一层保鲜膜，放入微波炉高火加热8分钟。

秋冬是吃红薯的最好季节。除了蒸红薯、烤红薯，还有一种好吃的做法千万不要错过呀！那就是软糯香甜，治愈寒冷天气的早餐啦！

网红豆乳盒子

快手又"吸睛"

🕐 10分钟

🔥 简单

用料

香蕉1根 · 燕麦40克 · 酸奶200毫升
豆浆粉适量 · 黄豆粉适量

参考热量（千卡）

香蕉100克 ·············· 93
燕麦40克 ········· 155.2
酸奶200毫升 ······· 140
豆浆粉20克 ········ 85.2
黄豆粉5克 ·········· 21.6
合计 ················· 495

做法

❶ 香蕉切片备用。

❷ 碗底先铺一层燕麦。

❸ 均匀地撒上一层豆浆粉。

❹ 放上一层香蕉片。

❺ 铺一层酸奶。

❻ 再依次铺上一层燕麦、黄豆粉和酸奶。

❼ 在顶层均匀地摆上香蕉片。

❽ 最后撒上一层黄豆粉，放入冰箱冷藏一晚即可。

烹饪秘籍

● 最好选择即食燕麦片，若选择快熟的那种，即使浸泡了一夜，吃起来口感还是会干干的。食用的时候搅拌均匀。

只需要几种最家常的食材，就能实现"盒子自由"。提前一晚做好，放入冰箱冷藏，早晨起来就可以直接享用，这个低卡早餐一定要学会！

牛油果能量杯

中西的美妙碰撞

🕐 25分钟

🔥 简单

用料

馄饨皮适量　牛油果1个　虾仁适量　洋葱30克
香菜2根　芒果适量　番茄1/4个　黑胡椒碎适量
海盐适量　油适量

参考热量（千卡）

馄饨皮20克 ……… 39.6
牛油果100克 ……… 171
虾仁20克 ……… 18.6
洋葱30克 ……… 12
芒果20克 ……… 7
番茄20克 ……… 3
合计 ……… 251.2

做法

❶ 牛油果对半切开，去核去皮，捣成牛油果泥。

❷ 加入海盐和黑胡椒碎，搅拌均匀。

❸ 将洋葱切末，番茄切小丁，芒果切小块，香菜切末。

❹ 将切好的洋葱、番茄、芒果和香菜放入牛油果泥中，搅拌均匀。

❺ 热锅冷油，放入虾仁煎熟备用。

❻ 馄饨皮放入圆形模具中，放入预热至160℃的烤箱中，烤10分钟，烤至酥脆。

❼ 将牛油果泥舀在烤好的馄饨皮上，再放上虾仁即可。

烹饪秘籍

● 没有馄饨皮，用饺子皮或者饼皮都可以，放入圆形模具中，烤好后就是一个可以盛装牛油果泥的小碗。

网红牛油果吃法再加一员猛将！没吃之前，不会想到牛油果和馄饨皮竟然可以这么搭，爱吃牛油果的你，一定不要错过！

牛油果鲜虾波奇饭
能量满格

🕐 20分钟

🔥 简单

🥟 火遍网络的波奇碗，怎么能错过！它绝对是减脂餐中的颜值担当，可以把想吃的都放在一起，口感清爽，营养美味全都有！

用料

杂粮饭半碗·虾仁适量·蟹柳棒2根·鸡蛋1个·
牛油果半个·西蓝花适量·熟玉米粒适量·
圣女果3个·泡菜适量·油醋汁2茶匙·
油适量·黑胡椒碎、海盐各少许

参考热量（千卡）

杂粮饭50克 ············ 70
虾仁20克 ············ 18.6
蟹柳棒10克 ············ 8.9
鸡蛋50克 ············ 69.5
牛油果50克 ······ 85.5
西蓝花20克 ······ 5.4
圣女果5克 ············ 1.25
泡菜10克 ············ 2.4
合计················· **261.55**

做法

❶热锅冷油，放入虾仁
煎熟，用黑胡椒碎和海盐
调味。

❷西蓝花洗净，焯水
备用。

❸鸡蛋冷水下锅，水开
后煮8分钟，过凉水，鸡
蛋剥壳，对半切开。

❹将蟹柳棒撕成细条，
圣女果对半切开，牛油果
切片。

❺碗底放上杂粮饭，依
次摆上煎虾仁、蟹柳棒细
条、水煮蛋、牛油果片、
玉米粒、圣女果、西蓝花
和泡菜。

❻淋上油醋汁即可。

烹饪秘籍

● 水开后鸡蛋煮8分钟，取出后是流心的溏心蛋，煮溏心蛋
最好选用可生食鸡蛋。若喜欢全熟的水煮蛋，延长煮制
时间即可。

全麦牛肉卷

一口咬下的满足

🕐 70分钟

🔥 简单

 花费时间和心思做出来的料理总是治愈人心的。心情不好或者工作疲惫时，不妨走进厨房，认真为自己准备一餐口感丰富的牛肉卷吧！

用料

牛排肉100克 · 全麦饼皮1张 · 球生菜适量 ·
胡萝卜30克 · 洋葱30克 · 酸黄瓜适量 ·
黑胡椒碎适量 · 海盐适量 · 橄榄油适量

参考热量（千卡）

牛排肉100 ………… 217
全麦饼皮50 ……… 239
球生菜20 …………4.4
胡萝卜30 ………… 11.7
洋葱30 ……………… 12
酸黄瓜10 …………2.6
合计…………… **486.7**

做法

❶ 将牛肉均匀地抹上橄榄油，撒上黑胡椒碎和海盐，腌20分钟。

❷ 将腌好的牛排肉，包上锡纸，放入100℃的烤箱烤40分钟。

❸ 将烤好的牛肉切片备用。

❹ 将球生菜、胡萝卜、洋葱切细丝；酸黄瓜切片。

❺ 热锅冷油，分别放入胡萝卜丝和洋葱丝翻炒至断生。

❻ 取一张全麦饼皮，依次放上牛肉片、球生菜丝、胡萝卜丝、洋葱丝和酸黄瓜。

❼ 卷起后对半切开即可。

烹饪秘籍

● 这款牛肉卷味道清淡，口味偏重的人们可以在卷饼时添加自己喜欢的酱料。

菠萝虾仁蛋法棍

颜值爆表的一餐

🕐 30分钟

🔥 简单

🍅 裹满芥末酱的虾仁与香甜的菠萝结合，再搭配烤到酥脆的法棍。拒绝单调，简单的食材也能拥有丰富的口感！

用料

法棍2块·鸡蛋1个·虾仁4~6个·菠萝适量·
黑胡椒碎适量·蜂蜜芥末酱1茶匙·海盐少许

参考热量（千卡）

法棍20克 ············ 74.4
鸡蛋50克 ············ 69.5
虾仁20克 ············ 18.6
菠萝50克 ·············· 22
蜂蜜芥末酱5克 ··· 16.05
合计·················200.55

做法

虾仁洗净，加入海盐和黑胡椒抓匀，腌制备用。

鸡蛋冷水下锅，水开后继续煮12分钟。

将煮好的鸡蛋剥壳，切片。

将锅中的水烧开，放入虾仁焯熟，捞出控干水分。

菠萝切小块，加入焯熟的虾仁，再挤上蜂蜜芥末酱，搅拌均匀。

将烤箱提前预热至160℃，放入法棍，烤5分钟。

取出烤好的法棍，放上鸡蛋，摆上拌好的菠萝虾仁即可。

烹饪秘籍

这里的菠萝换成芒果也很不错，芒果和虾仁也格外搭呢！

高纤核桃贝果

解锁面团新玩法

🕐 1小时

🔥 中等

相比于软绵绵的吐司面包，贝果的扎实的口感更令人着迷，可以单吃，也可以做成贝果三明治。百变的贝果吃法，一起来解锁吧！

用料

高筋面粉100克·全麦粉30克·酵母2克·
白砂糖8克·核桃碎30克·牛奶80毫升·
椰子油6克·煮贝果用白砂糖50克

参考热量（千卡）

高筋面粉100克 ······ 362
全麦粉30克 ······ 107.7
白糖8克 ·········· 31.68
核桃碎30克 ······ 193.8
牛奶80毫升 ·········· 52
合计················**747.18**

做法

❶ 将高筋面粉、全麦粉、酵母、白砂糖、核桃碎、椰子油和牛奶放入揉面机中揉成面团。

❷ 取出揉好的面团，均匀地分成三等份，醒10分钟。

❸ 取一块面团，擀成椭圆形，自下而上卷成长条，将收口捏紧。

❹ 用擀面杖将一端擀薄，再将另一端绕过来，用擀薄的一面完全包裹住另一端。

❺ 在整好形的贝果下面垫一张烘焙纸，发酵至1.5倍大。

❻ 锅中加入1000毫升清水，放入50克白糖，待水表面微微冒小气泡时，放入贝果，正反各煮30秒，捞出后放入烤盘中。

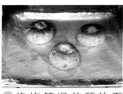
❼ 将烤箱提前预热至170℃，将煮过的贝果放入烤箱烤20分钟即可。

烹饪秘籍

● 煮贝果的时候可以连同烘焙纸一起下锅，煮好捞出后直接就可以放进烤箱。

日式鸡蛋关东煮

简简单单的美味

🕐 50分钟

🔥 简单

🍅 天气转冷，身体就会想要暖暖的锅料理。这道鸡蛋关东煮做法简单，可味道却一点都不普通。无油清爽，食材都是天然的，这样的食物吃得才放心呀。

用料

萝卜1块·鸡蛋2个·魔芋1盒·香菇4个·昆布15克·味醂60毫升·酱油60毫升·盐适量

参考热量（千卡）

萝卜20克	3.2
鸡蛋100克	139
魔芋100克	20
香菇40克	10.4
昆布15克	40.65
味醂60毫升	132
酱油60毫升	37.8
合计	383.05

做法

将昆布剪成大块，放入清水中浸泡30分钟。

将萝卜切成6~7厘米的厚块，魔芋洗净，香菇划十字花。

鸡蛋煮熟，剥壳备用。

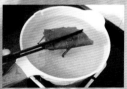
将浸泡好的昆布直接煮沸，煮沸后取出昆布，保留清汤。

将煮好的汤汁倒入砂锅中，加入酱油、味醂和盐煮开。

放入萝卜块、鸡蛋、魔芋和香菇，大火烧开后转小火继续煮40分钟。

待萝卜软烂即可关火出锅。

烹饪秘籍

● 每次可以多做一些，煮好的关东煮放凉后重新加热会比第一遍更入味。
● 如果没有昆布，也可以用干海带代替。

芋泥小方

网红甜品在家做

🕐 30分钟

🔥 简单

最强伪装者来袭！绝对可以秒杀甜品店高热量的甜品，拥有高颜值的同时，味道真的很好！

用料

吐司3片 · 芋头500克 · 牛奶100毫升 · 白糖20克 ·
希腊酸奶适量 · 桂花干适量 · 迷迭香适量

参考热量（千卡）

吐司250克 ············ 635
芋头500克 ············ 280
牛奶100毫升 ············ 65
白糖20克 ············ 79.2
合计 ················ 1059.2

做法

❶ 芋头洗净，去皮切块，放入蒸锅，蒸20分钟。

❷ 将蒸好的芋头块倒入大碗中，加入牛奶和白糖后捣碎并搅拌均匀，制成芋泥。

❸ 待芋泥冷却，放入裱花袋中。

❹ 吐司切去四边。

❺ 取一片吐司，在上面挤一层芋泥，盖上第二片吐司，再挤上一层芋泥，最后再盖上一片吐司。

❻ 在吐司表面及四周均匀地涂抹上希腊酸奶。

❼ 最后撒上桂花干和迷迭香装饰即可。

烹饪秘籍

● 酸奶要选择质地浓稠、流动性不强的凝固型酸奶，这样才能抹出好看的抹面。

草莓燕麦酸奶杯
满满欧美风

🕐 30分钟

🔥 简单

低卡饱腹的酸奶燕麦杯，绝对是减脂期必备的食物。搅一搅、烤一烤，零失败的一款料理，新手小白也能秒变老司机。

用料

香蕉1根 · 即食燕麦片250克 · 牛奶45毫升 · 草莓适量 · 酸奶适量 · 橄榄油少许

参考热量（千卡）

香蕉100克	93	草莓50克	16
即食燕麦片250克	970	酸奶20毫升	14
牛奶45毫升	29.25	**合计**	**1122.25**

做法

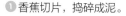

❶ 香蕉切片，捣碎成泥。

❷ 香蕉泥中加入即食燕麦片和牛奶，搅拌均匀。

❸ 圆形模具内刷一层橄榄油，将燕麦香蕉泥均匀地分到每个模具中，按压成杯子状。

❹ 将烤箱提前预热至180℃，将燕麦杯放入烤箱中烤15分钟。

❺ 草莓洗净，切小粒。

❻ 在燕麦杯中倒入酸奶，撒上草莓粒即可。

烹饪秘籍

● 烤好的燕麦杯冷却一会儿较好脱模。待完全冷却后再食用口感更好。

● 草莓也可以按照个人口味进行替换，蓝莓、芒果都是不错的选择。

第二章

刷爆网络的
沼三明治

经典沼三明治

清爽好滋味

🕐 25分钟

🔥 简单

在众多沼三明治中，最经典的应该就是这一款了！包裹着多多圆白菜，一口咬下的清爽，仿佛将春天放进了嘴里。

用料

吐司2片·圆白菜1/4棵·火腿片2～3片·
奶酪片2片·蛋黄酱2茶匙·黑胡椒碎适量

参考热量（千卡）

吐司200克 ………… 508
圆白菜50克 ………… 12
火腿片40克 ……… 97.6
奶酪片40克 …… 131.2
蛋黄酱10克 ……… 69.6
合计………… **818.4**

做法

❶圆白菜洗净，切细丝。

❷在圆白菜丝中加入蛋
黄酱和黑胡椒碎，搅拌
均匀。

❸将2片吐司放入烤盘，
上面放一片奶酪。

❹将烤箱提前预热至
160℃，放入吐司和奶酪
片，加热5分钟。

❺取出烤好的吐司，放上
火腿片。

❻将圆白菜丝铺在上面，
盖上另一片吐司。

❼包上一层保鲜膜，对半
切开即可。

烹饪秘籍

● 这里的圆白菜丝越细越入味，口感也越好，可以在蛋黄酱
和黑胡椒中多腌一会儿，最后厚厚地铺一层在吐司里。

厚蛋烧沼三明治

鸡蛋带来的满足

🕐 30分钟

🔥 简单

相比于传统的沼三明治，只是多加了一层厚蛋烧。但可不要小瞧这一层，口感瞬间就有了变化，不信你试试！

用料

吐司2片·鸡蛋2个·牛奶20毫升·圆白菜1/4棵·
火腿片2~3片·奶酪片2片·蛋黄酱2茶匙·
黑胡椒碎适量·油少许

参考热量（千卡）

吐司200克	508	火腿片40克	97.6
鸡蛋100克	139	奶酪片40克	131.2
牛奶20毫升	13	蛋黄酱10克	69.6
圆白菜50克	12	**合计**	**970.4**

做法

❶圆白菜洗净，切细丝。

❷圆白菜丝中加入蛋黄酱和黑胡椒碎搅拌均匀。

❸鸡蛋打入碗中，加入牛奶搅拌均匀。

❹厚蛋烧锅烧热，刷一层薄薄的油，倒入蛋液。

❺转最小火，不停搅拌蛋液。

❻对折，将蛋饼整成正方形即可出锅。

❼两片吐司放入烤盘中，上面各放一片奶酪。

❽将烤箱提前预热至160℃，放入吐司和奶酪片，加热5分钟。

❾取出烤好的吐司，放上火腿片。

❿将圆白菜丝铺在上面，放上厚蛋烧，再盖上另一片吐司。

⓫包上一层保鲜膜，切开即可。

烹饪秘籍

● 这里的厚蛋烧是简易做法，如果家里没有厚蛋烧锅，放入平底锅煎也可以，最后慢慢整成正方形即可。

彩虹沼三明治

看见就有好心情

🕐 25分钟

🔥 简单

用料

吐司2片·紫甘蓝4片·生菜4片·鸡蛋1个·
番茄片4片·火腿片2片·蜂蜜芥末酱2茶匙·
黑胡椒碎少许

参考热量（千卡）

吐司200克 ············	508
紫甘蓝20克 ·············	5
生菜20克 ···············	3.2
鸡蛋50克 ··············	69.5
番茄片20克 ··············	3
火腿片20克 ·········	48.8
蜂蜜芥末酱10克 ··	46.4
合计·················	**683.9**

做法

❶紫甘蓝洗净切细丝；
生菜洗净，控干水分备用。

❷鸡蛋冷水下锅，水开
后转小火继续煮12分钟，
之后将煮好的鸡蛋剥壳。

❸将鸡蛋捣碎，加入黑
胡椒碎和蜂蜜芥末酱搅
拌均匀。

❹将两片吐司放入烤
盘，烤箱提前预热至
160℃，放入吐司，加热
5分钟。

❺取出烤好的吐司，
依次放上紫甘蓝丝、生
菜、鸡蛋酱、火腿片和
番茄片。

❻盖上另一片吐司，包上
一层保鲜膜，切开即可。

烹饪秘籍

● 如果不喜欢紫甘蓝的口感，可以将紫甘蓝换成胡萝卜丝，不
过记得要放入锅中炒一下。

光听名字心情就会变得很好的三明治！清爽的蔬菜搭配柔软的面包，咬下去时丰富的口感，这完全是减脂期的神仙三明治！

照烧鸡排沼三明治

大口吃肉的美好

🕐 25分钟

🔥 简单

提到三明治，怎么能落下鸡胸肉三明治呢！用这个方法做出来的鸡胸肉有鸡腿般的鲜嫩感，完全不柴！不信，来试试？

用料

吐司2片·鸡胸肉1/2块·圆白菜1/4棵·
酱油2汤匙·白糖1茶匙·料酒1茶匙·
黑胡椒碎适量·蛋黄酱1茶匙·奶酪片2片

参考热量（千卡）

吐司200克	508
鸡胸肉50克	59
圆白菜50克	12
酱油30毫升	18.9
白糖5克	19.8
蛋黄酱5克	34.8
合计	652.5

做法

❶鸡胸肉横向切开，加入
酱油、白糖和料酒腌制。

❷平底锅烧热不放油，
放入腌好的鸡胸肉，小火
煎2分钟。

❸翻面再煎2分钟，取出
后静置10分钟。

❹圆白菜洗净切细丝，
加入蛋黄酱和黑胡椒碎搅
拌均匀。

❺将两片吐司放入烤盘，
其中一片上面放一片奶
酪片。

❻将烤箱提前预热至
160℃，放入吐司和奶酪
片，加热5分钟。

❼取出烤好的吐司，放
上圆白菜细丝。

❽放上鸡排，盖上另一片
吐司，包上一层保鲜膜，
切开即可。

烹饪秘籍

● 鸡胸肉两面各煎2分钟后取出，此时的鸡胸肉是八成熟，取
出后利用余温加热至全熟，这就是鸡胸肉鲜嫩不柴的秘诀。

午餐肉嫩蛋沼三明治

野餐标配三明治

🕐 25分钟

🔥 简单

🍲 喜欢午餐肉的小伙伴举个手？这款三明治完全做到了你们的心里！午餐肉+嫩蛋这个组合，还需要多说什么吗？

用料

吐司2片·午餐肉2块·鸡蛋1个·生菜4片·
奶酪片1片·牛奶、油各少许

参考热量（千卡）

吐司200克 …………　508
午餐肉50克 ……　114.5
鸡蛋50克 ………　69.5
生菜20克 ………　3.2
奶酪片10克 ………　32.8
合计…………………　**728**

做法

❶ 生菜洗净，控干水分。

❷ 午餐肉切厚片。

❸ 将鸡蛋打入碗中，加入牛奶搅拌均匀。

❹ 厚蛋烧锅烧热，刷一层薄薄的油，倒入蛋液。

❺ 转最小火，不停搅拌蛋液。

❻ 对折，将蛋饼整成正方形即可出锅。

❼ 紧接着放入午餐肉，小火煎至微焦。

❽ 将两片吐司放入烤盘，其中一片吐司上面放一片奶酪片。

❾ 将烤箱提前预热至160℃，放入吐司和奶酪片，加热5分钟。

❿ 取出烤好的吐司，放上生菜、午餐肉厚片和嫩蛋。

⓫ 盖上另一片吐司，包上一层保鲜膜，切开即可。

烹饪秘籍

● 煎午餐肉的时候不用放油，煎的过程中午餐肉中的油脂会被煎出来，全程保持小火，煎到两面微微焦时，口感最好。

炸猪排潘三明治

无法抵挡的美味

🕐 30分钟

🔥 简单

一款合格的沼三明治，用料一定要丰富，一口咬下去满足感油然而生！这款炸猪排三明治，光听名字口水就要流下来了！

用料

吐司2片·猪排1块·面包糠适量·面粉适量·鸡蛋1个·
圆白菜1/4棵·海盐适量·蛋黄酱、黑胡椒碎各适量·
黑胡椒酱1茶匙

参考热量（千卡）

吐司200克 …………	508
猪排100克 …………	164
鸡蛋50克 …………	69.5
圆白菜50克 …………	12
面包糠10克 …………	36.6
合计………………	**790.1**

做法

❶圆白菜洗净，切细丝，加入蛋黄酱和黑胡椒碎搅拌均匀。

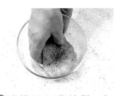

❷猪排用刀背拍散，加入盐和黑胡椒碎调味。

❸将鸡蛋在碗中打散并搅拌均匀。

❹将猪排依次裹上面粉、鸡蛋液和面包糠。

❺烤盘内铺上油纸，将烤箱提前预热至180℃，放上猪排，烤20分钟。

❻取出猪排后，紧接着将吐司放入烤箱中，160℃加热5分钟。

❼取出烤好的吐司，涂抹上一层黑胡椒酱。

❽放上圆白菜丝和猪排，盖上另一片吐司。

❾包上一层保鲜膜，切开即可。

烹饪秘籍

● 烤猪排的具体温度要依照自家烤箱情况增减。烤的时候要时常察看，以防过焦。

土豆大满足沼三明治

碳水的力量

🕐 30分钟

🔥 简单

这款三明治绝对是土豆狂魔们的真爱！吃一口就会瞬间爱上的三明治，正如名字那样，令人大满足！

用料

吐司2片 · 土豆1个 · 生菜3~4片 · 黄油 1 块 · 杂蔬粒适量 · 海盐适量 · 黑胡椒碎适量

参考热量（千卡）

吐司200克 ············· 508
土豆50克 ············· 40.5
生菜20克 ··············· 3.2
杂蔬粒20克 ········· 16.4
合计················· 568.1

做法

❶土豆洗净，削皮，切小块，放入锅中蒸熟。

❷将蒸好的土豆块压成土豆泥，趁热加入一块黄油和杂蔬粒搅拌均匀。

❸加入海盐和黑胡椒碎调味。

❹生菜洗净，控干水分。

❺将两片吐司放入烤盘中，烤箱提前预热至160℃，放入吐司，加热5分钟。

❻取出烤好的吐司，放一层生菜，盖上厚厚的土豆泥。

❼再放上一层生菜，盖上另一片吐司。

❽包上一层保鲜膜，切开即可。

烹饪秘籍

● 如果喜欢吃口感绵密的土豆泥，在第②步时可以加入牛奶一同搅拌，口感会更加细腻。

南瓜奶酪沼三明治

健康好搭配

🕐 30分钟

🔥 简单

这是一款吃完能使人一上午都充满活力和饱腹感的早餐，南瓜的香甜与奶油奶酪的细腻完美结合，入口即化说的就是它了！

做法

❶ 贝贝南瓜对半切开，去皮去瓤，切小块。

❷ 将南瓜块放入蒸锅蒸熟。

❸ 将蒸好的南瓜块压成南瓜泥，加入黑胡椒碎搅拌均匀后备用。

❹ 将两片吐司放入烤盘，其中一片上面放一片奶酪片。

❺ 将烤箱提前预热至160℃，放入吐司和奶酪片，加热5分钟。

❻ 取出烤好的吐司，在上面涂抹南瓜泥。

❼ 挤上奶油奶酪，盖上另一片吐司。

❽ 包上一层保鲜膜，切开即可。

烹饪秘籍

● 这里的南瓜最好用贝贝南瓜，甜度中等、水分很少，如果用普通南瓜，蒸完水分很多，不好成形。

牛油果鲜虾沼三明治

⏱ 30分钟 🔥 简单

每一口都有滋味

用料

吐司2片·牛油果半个·圆白菜1/8棵·
虾仁6～8个·黑胡椒碎适量·海盐适量·
蛋黄酱1茶匙·奶酪片1张·油少许

参考热量（千卡）

吐司200克	508	虾仁20克	18.6
牛油果50克	85.5	奶酪片10克	32.8
圆白菜30克	7.2	**合计**	**652.1**

做法

❶牛油果对半切开，剥皮去核，切片备用。

❷虾仁洗净后控干水分，加入黑胡椒碎和海盐腌一会儿。

❸平底锅烧热，刷薄薄一层油，放入虾仁，小火煎熟后盛出备用。

❹圆白菜洗净，切细丝，加入蛋黄酱和黑胡椒碎搅拌均匀。

❺将两片吐司放入烤盘中，其中一片上面放一片奶酪片。

❻将烤箱提前预热至160℃，放入吐司和奶酪片，加热5分钟。

❼取出烤好的吐司，放上圆白菜细丝和虾仁。

❽摆上牛油果片，再盖上另一片吐司。

❾包上一层保鲜膜，切开即可。

烹饪秘籍

● 这里用的牛油果不要选择过熟的，会影响口感，偏生一点的口感最佳。

这是所有沼三明治中我最喜欢的一款！牛油果和虾仁真的是最搭配的组合，没有之一！细腻、柔软、鲜美，形容的都是它们！

满满牛肉沼三明治
健身人士最爱

🕐 20分钟
🔥 简单

🍲 牛肉三明治是很多人的心头爱，没有火腿培根的油腻，又比素三明治多了几分肉香，酸黄瓜和蔬菜的加入，令层次瞬间升华！

用料

吐司2片 · 烟熏牛肉片4片 · 圆白菜1/4棵 · 酸黄瓜1根 · 洋葱1/4个 · 黑胡椒碎适量 · 蛋黄酱1茶匙

参考热量（千卡）

吐司200克	508	酸黄瓜10克	2.6
烟熏牛肉片100克	164	洋葱20克	8
圆白菜50克	12	**合计**	**694.6**

做法

❶ 将圆白菜洗净，切细丝；洋葱切细丝。

❷ 在圆白菜丝和洋葱丝中加入蛋黄酱和黑胡椒碎，搅拌均匀。

❸ 将酸黄瓜切片。

❹ 将两片吐司放入烤盘中。将烤箱提前预热至160℃，放入吐司，加热5分钟。

❺ 取出烤好的吐司，放上圆白菜丝、洋葱丝和酸黄瓜片。

❻ 将牛肉片均匀地摆上去，再盖上另一片吐司。

烹饪秘籍

● 这里用到的牛肉是超市买的烟熏牛肉片，除此之外，用家里自制的酱牛肉切片，口感也是很好的。

❼ 包上一层保鲜膜，切开即可。

第一章

让你多睡15分钟的
快手早餐

牛油果开放吐司
想吃什么放什么

⏰ 忙碌的早晨没时间吃早餐? 不妨来试试这款开放吐司, 只需要不到10分钟, 就可以拥有一份可以拍照的早餐!

🕐 15分钟

🔥 简单

078

用料

吐司1片 · 牛油果半个 · 鸡蛋1个 · 芝麻菜适量 ·
黑胡椒碎适量 · 海盐适量 · 油少许

参考热量（千卡）

吐司100克 …………	254
牛油果50克 ………	85.5
鸡蛋50克 …………	69.5
芝麻菜20克 ……………	5
合计…………………	**414**

做法

❶鸡蛋打入碗中，搅散成蛋液，加海盐调味。　❷热锅冷油，倒入蛋液，转最小火，快速滑炒成嫩蛋出锅。　❸将烤箱预热至180℃，放入吐司烤5分钟。

❹牛油果对半切开，去皮去核，切薄片。　❺将切好的牛油果片慢慢朝一个方向推开。　❻从其中一端向内卷起，形成牛油果花。

❼在吐司上放芝麻菜，摆上嫩蛋。　❽最后摆上牛油果花，撒上黑胡椒碎即可。

烹饪秘籍

● 做牛油果花的秘诀就是，前面切得一定要够薄，后面才会好卷。

超人气口袋三明治
解锁吐司新玩法

⏱ 15分钟

🔥 简单

⏰ 口袋三明治最大的优点就是满足呀！好吃又方便，一口咬下去，想吃的东西都在嘴里的幸福感，无与伦比！

用料

厚切吐司1片 · 牛油果半个 · 鸡蛋2个 · 蟹柳棒3根 · 黑胡椒碎适量 海盐、油各少许

参考热量（千卡）

厚切吐司100克 …… 338
牛油果50克 ……… 85.5
鸡蛋100克 ………… 139
蟹柳棒30克 ……… 26.7
合计 ……………… **589.2**

做法

❶ 鸡蛋打入碗中，搅散成蛋液，加海盐调味。

❷ 热锅冷油，倒入蛋液，转最小火，快速滑炒成嫩蛋出锅。

❸ 将蟹柳棒撕成细丝。

❹ 牛油果对半切开，去皮去核，压成泥，加入黑胡椒碎调味。

❺ 厚切吐司从中间切小口。

❻ 在厚切吐司上依次铺放牛油果泥、嫩蛋和蟹柳棒细丝即可。

烹饪秘籍

● 因为是口袋三明治，吐司最好选择厚一点的，最好是整个吐司的吐司边。

烤过的吐司夹上火腿、鸡蛋和时蔬，这是最简单、最经典的美式三明治，是即使多赖会儿床，也能吃到的美味早餐。

🕐 15分钟

🔥 简单

美式小酒馆吐司

与朋友分享的快手早餐

用料

吐司2片 · 火腿片2片 · 鸡蛋1个 · 生菜4~6片 · 番茄2片 · 番茄酱适量 · 蛋黄酱适量 · 油少许

参考热量（千卡）

吐司200克	508
火腿片20克	48.8
鸡蛋50克	69.5
生菜20克	3.2
番茄20克	3
番茄酱5克	4.15
蛋黄酱5克	34.8
合计	671.45

做法

❶ 生菜洗净，控干水分。

❷ 平底锅烧热刷油，打入1个鸡蛋煎熟。

❸ 将烤箱提前预热至160℃，放入吐司，加热5分钟。

❹ 取出烤好的吐司，涂抹上番茄酱和蛋黄酱。

❺ 依次放上生菜、番茄片、煎蛋、火腿片，盖上另一片吐司。

❻ 对半切开即可。

烹饪秘籍

● 若想煎出蛋白焦黄、蛋黄凝固的煎蛋，要全程保持最小火，往蛋的周围洒点水，加快蛋白凝固。

全麦金枪鱼三明治
减脂塑形首选

🕐 10分钟

🔥 简单

参考热量（千卡）

全麦吐司200克 ……	508
球形生菜20克 ………	3.2
金枪鱼罐头60克 …	50.4
番茄20克 ………………	3
蜂蜜芥末酱5克 …	16.05
合计………………	**580.65**

用料

全麦吐司2片 · 球生菜2片 · 金枪鱼罐头60克 ·
番茄20克 · 蜂蜜芥末酱适量

做法

❶ 生菜洗净。

❷ 番茄先争，去蒂，切片。

❸ 在金枪鱼罐头中加入
蜂蜜芥末酱，搅拌均匀。

❹ 取一片吐司，依次放
上金枪鱼沙拉、生菜和番
茄片。

❺ 盖上另一片吐司。

❻ 对半切开即可。

⏰ 三明治中的经典！
做法简单快捷，口感细腻
柔和，有了金枪鱼的加入
还多了几分鲜美。

烹饪秘籍

● 金枪鱼罐头可以选择水浸
的和油浸的两种，在放蜂
蜜芥末酱之前，将罐头中
的水分或油分倒干即可。

肉桂烤南瓜溏心蛋沙拉

是秋冬的味道

🕐 25分钟

🔥 简单

贝贝南瓜，是减脂期深受人们喜爱的食材。其实除了蒸之外，这种方法也十分好吃，关键是颜值一点也不低呢！

用料

贝贝南瓜半个·鸡蛋1个 圣女果6~8个·
芦笋3根 黑胡椒碎适量 肉桂粉1/2茶匙·
油醋汁2茶匙

参考热量（千卡）

贝贝南瓜50克 …… 11.5
鸡蛋50克 ………… 69.5
圣女果20克 …………5
芦笋20克 …………3.8
合计………………… **89.8**

做法

①贝贝南瓜对半切开，
去皮去瓤，切厚片。

②在烤盘里铺上一层油
纸，摆上南瓜厚片，撒上
黑胡椒碎和肉桂粉。

③将烤箱提前预热至
180℃，放入南瓜厚片烤
20分钟。

④鸡蛋冷水下锅，水开
后继续煮7分钟。

⑤将煮好的鸡蛋过两遍凉
水，剥壳，对半切开备用。

⑥圣女果对半切开；芦
笋削皮，斜切成段。

⑦锅中烧开水，放入芦笋
段，焯烫至断生即可捞出。

⑧将烤好的南瓜放入碗
中，摆上切好的鸡蛋、圣
女果和芦笋段。

⑨淋上油醋汁即可。

烹饪秘籍

● 芦笋削皮后更鲜嫩，口感也更好。

土豆蟹柳棒沙拉

鲜嫩好滋味

🕐 20分钟

🔥 简单

⏰ 这是一份吃过一次就会念念不忘的沙拉。土豆的绵密，虾仁蟹棒的鲜美，酸爽的酱汁，每一口都能吃到很多滋味！

用料

土豆1个·鸡蛋1个·虾仁6~8个·杂蔬粒30克·
蟹棒3根·蜂蜜芥末酱2茶匙·黑胡椒碎适量·
海盐适量·料酒适量

参考热量（千卡）

土豆100克	81
鸡蛋50克	69.5
虾仁20克	18.6
杂蔬粒30克	24.6
蟹棒20克	17.8
蜂蜜芥末酱10克	46.4
合计	257.9

做法

①土豆削皮，切小块，放入锅中蒸熟。

②鸡蛋冷水下锅，煮熟剥壳。

③将剥好的鸡蛋切块备用。

④虾仁洗净去除虾线，加料酒和海盐腌制。

⑤锅中烧开水，放入杂蔬粒，焯熟后捞出，控干水分。

⑥紧接着放入虾仁，煮熟后捞出，控干水分。

⑦将蟹棒焯水后撕成小块。

⑧将土豆块、鸡蛋块、虾仁、杂蔬粒和蟹棒块放入碗中。

⑨加入黑胡椒碎和蜂蜜芥末酱，搅拌均匀即可。

烹饪秘籍

● 这里的沙拉酱也可以替换成酸奶酱或油醋汁，可依据个人口味调整。

照烧鸡腿肉蔬菜沙拉

经典沙拉打卡

🕐 20分钟

🔥 简单

谁说减脂期不能大口吃肉？只要掌握好方法，即使大口吃肉也完全不用担心热量超标，不会长胖哟！

用料

鸡腿1只 · 球生菜4～6片 · 圣女果4个 ·
彩椒1/4个 · 酱油2汤匙 · 蜂蜜2茶匙 ·
黑胡椒碎适量 · 油醋汁2茶匙 · 白芝麻适量

参考热量（千卡）

鸡腿100克 …………	146
球生菜20克 …………	3.2
圣女果10克 …………	2.5
彩椒20克 …………	5.2
酱油30毫升 ………	18.9
蜂蜜10克 …………	32.1
油醋汁10毫升 …	44.9
合计………………	**252.8**

做法

❶ 将鸡腿去骨，放入酱油、蜂蜜和黑胡椒碎腌一晚。

❷ 球生菜洗净，控干水分；圣女果对半切开；彩椒切小块。

❸ 在烤盘上铺一层油纸，放入腌好的鸡腿肉和彩椒小块。

❹ 将烤箱提前预热至180℃，放入鸡腿肉烤15分钟。

❺ 将烤好的鸡腿肉切块。

❻ 将生菜放入盘中，摆上圣女果、彩椒和鸡腿肉块。

❼ 淋上油醋汁，撒点白芝麻即可。

烹饪秘籍

● 鸡腿1分钟去骨秘诀：沿着鸡腿根部用剪刀剪一圈，再纵向沿着骨头剪下即可。

开放小黄瓜沙拉

清爽好滋味

🕐 10分钟

🔥 简单

夏季没胃口、没食欲？那一定是你还没有尝过这款沙拉！清爽的口感仿佛是为夏季量身打造的！抓住夏天的尾巴，好好享用吧！

用料

水果黄瓜1根　西班牙火腿2片　无花果1个
奶酪球1个　蓝莓适量　坚果适量

参考热量（千卡）

水果黄瓜100克 ……… 16
西班牙火腿20克 … 52.8
无花果50克 ……… 32.5
奶酪球10克 ……… 32.8
蓝莓20克 ………… 11.4
合计……………… **145.5**

做法

❶ 水果黄瓜洗净，纵向对半切开。

❷ 西班牙火腿切小片。

❸ 无花果切片。

❹ 奶酪球切小块。

❺ 在黄瓜上依次摆放火腿小片、无花果片和奶酪球小块。

❻ 最后摆上蓝莓和坚果即可。

烹饪秘籍

因为火腿本身有咸味，所以不需要额外再调味了。

⏰ 低热量的鸡胸肉和更低热量的魔芋搭配，无论放在什么时间吃都毫无负罪感，健康饮食，其实可以很简单！

鸡肉魔芋沙拉
低脂新选择

🕐 15分钟

🔥 简单

用料

魔芋结100克·鸡胸肉100克·
菠菜100克·黄瓜半根·酱油1茶匙·
香油1茶匙·盐1/4茶匙·陈醋1茶匙

参考热量（千卡）

魔芋结100克 ················6
鸡胸肉100克 ········ 118
菠菜100克 ·············· 28
黄瓜50克 ·················8
合计····················· 160

做法

❶锅中烧开水，放入鸡胸肉，煮熟。

❷将煮熟的鸡胸肉撕成细丝。

❸另起一锅烧开水，放入魔芋结煮5分钟，捞出备用。

❹菠菜洗净去根，焯水后控干水分备用。

❺黄瓜洗净，切成细丝。

❻将鸡胸肉丝、魔芋结、菠菜和黄瓜丝放入碗中。

❼加入酱油、香油、盐和陈醋，搅拌均匀即可。

烹饪秘籍

● 用竹签插进鸡胸肉最厚的地方，没有血水流出即可出锅。

燕麦随心杯
百搭的营养早餐

🕐 10分钟

🔥 简单

用料

燕麦20克 · 燕麦麸皮20克 · 牛奶40毫升 ·
酸奶100毫升 · 香蕉1根 · 蓝莓适量 · 坚果适量

参考热量（千卡）

燕麦20克	67.6	香蕉100克	93
燕麦麸皮20克	56.4	蓝莓20克	11.4
牛奶40毫升	26	坚果10克	39.8
酸奶100毫升	70	**合计**	**364.2**

做法

❶ 将燕麦和燕麦麸皮倒
入杯中。

❷ 加入牛奶，盖上盖子，
放入冰箱冷藏一晚。

❸ 第二天早餐时取出，
放上一层切好的香蕉片。

❹ 倒入酸奶。

❺ 顶部撒上坚果和蓝莓。

❻ 搅拌均匀，即可食用。

🕐 顾名思义，这道料理
吃的就是随心！不用提前
准备食材，是家里有什么
就放什么的百搭早餐！

烹饪秘籍

● 燕麦和燕麦麸皮都选择即食的，酸奶最好是凝固
型的，口感更好。

蓝莓坚果燕麦碗

唤醒沉睡的身体

🕐 15分钟

🔥 简单

⏰ 用一份颜值超高的紫色营养早餐来迎接美好的一天吧！作为抗氧大军的重要成员，以蓝莓为主角的早餐得安排起来！

用料

新鲜蓝莓30克·即食燕麦40克·牛奶80毫升·坚果适量·蜂蜜2茶匙

参考热量（千卡）

蓝莓30克	17.1
即食燕麦40克	135.2
牛奶80毫升	52
坚果10克	39.8
蜂蜜10毫升	32.1
合计	**276.2**

做法

❶ 将蓝莓捣碎后加入蜂蜜，腌5分钟。留几颗蓝莓备用。

❷ 奶锅烧热，放入蓝莓蜂蜜。

❸ 转最小火熬煮至蓝莓变软。

❹ 加入牛奶和即食燕麦，小火煮5分钟。

❺ 搅拌均匀后盛入碗中。

❻ 撒上新鲜蓝莓和坚果即可。

烹饪秘籍

● 煮好的蓝莓粥可以依据个人口味撒上其他水果或食材。

酒酿蛋奶燕麦粥
暖心又暖胃

🕐 15分钟

🔥 简单

用料

牛奶250毫升 · 鸡蛋1个 · 酒酿50克 ·
即食燕麦片40克 · 蜂蜜1茶匙 · 枸杞子适量

参考热量（千卡）

牛奶250毫升 …… 162.5
鸡蛋50克 ……… 69.5
酒酿50克 ………… 26
燕麦片40克 …… 135.2
蜂蜜5克 ………… 16.05
合计………………409.25

这是一款适合秋冬的早餐，是五分钟就能搞定的神仙早餐！让胃暖暖地开启新的一天吧！

做法

❶ 将牛奶倒入奶锅，加入酒酿，小火煮开。

❷ 鸡蛋在碗中打散并搅拌均匀。

❸ 将蛋液倒入锅中，快速搅散。

❹ 加入即食燕麦片和枸杞子搅拌均匀，煮3分钟。

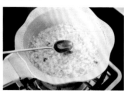
❺ 待燕麦粥浓稠，放入蜂蜜调味，即可出锅。

烹饪秘籍

● 燕麦片最好选择即食燕麦或者快熟燕麦。

抹茶思慕雪
边吃边"享瘦"

🕐 15分钟

🔥 简单

用料

酸奶200毫升 · 抹茶粉2茶匙 · 牛油果半个 ·
香蕉1根 · 猕猴桃1个 · 奇亚籽适量 · 坚果适量

参考热量（千卡）

酸奶200毫升	140	猕猴桃30克	18.3
抹茶粉10克	32.4	坚果20克	79.6
牛油果50克	85.5	**合计**	**448.8**
香蕉100克	93		

做法

❶牛油果对半切开，去皮、去核，切块。

❷将牛油果块、抹茶粉和酸奶放入搅拌机中，搅打至顺滑。

❸香蕉切片；猕猴桃削皮后切片。

❹将搅打好的思慕雪倒入碗中。

❺依次摆上猕猴桃片、香蕉片，再撒上奇亚籽和坚果即可。

烹饪秘籍

● 这里最好选择凝固型、流动性不强的酸奶，这样后面盛装水果时不会塌陷。

🕐 思慕雪作为超模们的代餐必备，也是减脂塑形人群的理想早餐。传统的水果思慕雪没有新意了？那快来试试这款吧，让你重拾对思慕雪的喜爱！

南瓜布朗尼
布朗尼也能很低卡

🕐 40分钟

🔥 简单

⏰ 南瓜这种食材有多种仙？低脂低卡，味道还棒！试过众多吃法，那么当南瓜作为甜品时表现会如何？一起来试试吧！

用料

贝贝南瓜1个 · 鸡蛋1个 · 燕麦片30克 ·
泡打粉3克

参考热量（千卡）

贝贝南瓜200克 ……… 46
鸡蛋50克 ………… 69.5
燕麦片30克 …… 101.4
泡打粉3克 ………… 1.53
合计……………**218.43**

做法

❶南瓜去皮、去瓤，切
小块。

❷将南瓜块放入锅中
蒸熟。

❸将蒸好的南瓜块捣
成泥。

❹将燕麦片放入搅拌机
中，搅打成燕麦碎。

❺在南瓜泥中加入鸡蛋、
燕麦碎和泡打粉，搅拌
均匀。

❻在模具上铺一层烘焙
纸，倒入南瓜燕麦糊。

❼在表面撒上一些燕
麦碎。

❽将烤箱提前预热至
180℃，烤30分钟即可。

烹饪秘籍

● 贝贝南瓜本身有甜味，因此不需要额外加糖。如果用普通的
南瓜，水分比较大，要依据情况增加燕麦片的用量。

北非蛋可丽饼

早餐界的颜值担当

🕐 20分钟

🔥 简单

⏰ 风靡网络的可丽饼，无油少糖，口味一级棒！人称"外国版煎饼"！

用料

卷饼1张 · 洋葱1/4个 · 番茄1个 · 火腿片2片 · 口蘑4个 · 鸡蛋1个 · 黑胡椒碎适量 · 番茄酱2茶匙 · 油少许

参考热量（千卡）

卷饼100克 ………… 326
洋葱20克 …………… 8
番茄50克 ………… 7.5
火腿片20克 ……… 48.8
口蘑20克 ………… 55.4
鸡蛋50克 ………… 69.5
合计…………… **515.2**

做法

❶洋葱切丁；番茄切小粒；口蘑切片；火腿片切小块。

❷热锅冷油，放入洋葱丁炒香。

❸加入番茄，炒出汁水后放入口蘑片，转小火炒2分钟。

❹放入番茄酱和火腿小块翻炒均匀，加黑胡椒碎调味。

❺另起一锅，放入饼皮，全程小火。

❻在饼皮上舀入熬好的番茄酱，折起四边。

❼在中间挖一个凹槽，打入1个鸡蛋。

❽沿着锅边加1汤匙水，盖上锅盖，焖至蛋白凝固即可。

烹饪秘籍

● 鸡蛋最终是蛋白凝固、蛋黄流心的口感，因此最好选择无菌的可生食鸡蛋。

蔬菜鳕鱼饼

高蛋白早餐

🕐 15分钟

🔥 简单

⏰ 一提到鳕鱼、龙利鱼总会让人觉得做起来很麻烦，其实并非如此。在快手早餐的行列，它们必须拥有姓名！

用料

鳕鱼块80克·青豆30克·胡萝卜20克·白芝麻适量·面粉40克·盐1/4茶匙·黑胡椒碎适量·油少许

参考热量（千卡）

鳕鱼块80克	70.4
青豆30克	119.4
胡萝卜20克	7.8
面粉20克	72.4
合计	**270**

做法

❶胡萝卜洗净，削皮，切细丝。

❷锅中烧开水，放入胡萝卜丝焯水，捞出后控干水分。

❸鳕鱼解冻后压成鳕鱼泥。

❹在鳕鱼泥中加入面粉、胡萝卜丝、青豆、白芝麻和60毫升纯净水。

❺放入盐和黑胡椒碎调味，搅拌均匀，调成面糊。

❻平底锅烧热刷油，舀入面糊，摊成小饼。

❼小火煎2~3分钟，煎至两面金黄即可出锅。

烹饪秘籍

● 若想要外皮酥脆、内里柔软的口感，煎的时候可以增加油的用量。

虾仁豆腐小饼

豆腐新吃法

🕐 20分钟

🔥 简单

用料

老豆腐100克 · 虾仁100克 · 胡萝卜30克
大葱半根 · 鸡蛋1个 · 面粉50克 · 盐1/2茶匙
黑胡椒粉1/4茶匙 · 油适量

参考热量（千卡）

老豆腐100克 ………… 84
虾仁100克 ………… 93
胡萝卜30克 ……… 11.7
大葱50克 ………… 14
鸡蛋50克 ………… 69.5
面粉50克 ………… 176
合计 ……………… **448.2**

做法

❶ 老豆腐放入大碗中，捏成豆腐碎。

❷ 胡萝卜切小丁；大葱切末。

❸ 虾仁洗净，去除虾线，剁成虾泥。

❹ 在豆腐碎中加入虾泥、胡萝卜丁、葱末，再放入盐和黑胡椒粉调味，搅拌均匀。

❺ 将豆腐虾泥捏成小圆饼。

❻ 将鸡蛋打入碗中，搅拌成蛋液。

❼ 将豆腐饼裹上面粉后沾一层蛋液。

❽ 平底锅烧热倒油，放入豆腐饼。

❾ 中小火煎至两面金黄即可。

烹饪秘籍

煎豆腐饼的时候一定要全程保持小火，油可以多放一些，否则外面可能已经焦了，里面却还没熟。

这是一道口感细腻、层次丰富的健康小饼！无论什么时候吃，你都会惊叹于它的口感。豆腐的软嫩与虾仁的鲜美，让你一口一口停不下来！

虾芒牛油果塔塔
创意满格

🕐 15分钟

🔥 简单

⏰ 神仙菜谱来了！这道料理看似高级，其实谁做谁知道，操作步骤非常简单。无论是自己吃，还是款待朋友，有那么一瞬间，真的会觉得自己厨艺很高超呢！

用料

虾仁10~12个 · 芒果半个 · 牛油果半个 ·
柠檬半个 · 黑胡椒碎适量 · 盐1/4茶匙 ·
料酒1茶匙 · 橄榄油1茶匙 · 油少许

参考热量（千卡）

虾仁50克 ………… 46.5
芒果100克 …………… 35
牛油果100克 ……… 171
柠檬30克 …………… 8.1
合计……………… 260.6

做法

❶ 虾仁洗净后去除虾
线，加入料酒和盐抓匀，
腌一会儿。

❷ 平底锅烧热放油，倒
入虾仁炒熟，加黑胡椒碎
调味。

❸ 将炒好的虾仁切成
小粒。

❹ 挤上柠檬汁，加入1茶
匙橄榄油搅拌均匀。

❺ 芒果去皮，切成与虾
仁同等大小的颗粒备用。

❻ 牛油果放入碗中，捣
碎成泥，加入黑胡椒碎和
海盐搅拌均匀。

❼ 将圆形模具放入盘
中，铺上一层牛油果泥，
压平。

❽ 再铺上芒果粒，压平。

❾ 在最上层铺上虾仁
粒，压实。

❿ 最后去掉模具即可。

烹饪秘籍

● 在组装的环节，每一步都要压实，以免最后脱模的时候散
掉，尤其是虾仁比较松散，要多压一会儿。

番茄鹰嘴豆配印度薄饼

属于豆子的美味

🕐 25分钟

🔥 简单

⏰ 鹰嘴豆中含有大量的植物蛋白，能增强人体免疫力，有益健康！吃腻了传统的五谷杂粮，不妨来尝试一下这颗神奇的小豆子吧！

用料

薄饼1张 · 圣女果100克 · 洋葱1/4个 · 大蒜3瓣 ·
鹰嘴豆罐头100克 · 番茄酱1茶匙 · 黑胡椒碎适量 ·
油适量

参考热量（千卡）

薄饼100克 ············· 306
圣女果100克 ··········· 25
洋葱20克 ···············8
鹰嘴豆罐头100克 ··· 123
番茄酱5克 ··········· 4.15
合计················**466.15**

第三章　让你多睡15分钟的快手早餐

做法

❶圣女果洗净，对半切开。

❷洋葱切末；大蒜切末。

❸热锅冷油，放入蒜末和洋葱末炒香。

❹加入圣女果，转小火炒出汁水。

❺加入没过圣女果的开水，煮沸，倒入番茄酱和黑胡椒碎调味。

❻将罐头鹰嘴豆控干水分，放入番茄汤中。

❼转小火煮10分钟，煮至汤汁浓稠即可。

❽薄饼切小块，放入提前预热至180℃的烤箱中，烤5分钟。

❾将烤好的薄饼配着番茄鹰嘴豆一起吃即可。

烹饪秘籍

● 薄饼可以选择市场上常见的麦西恩卷饼或者其他牌子的西式卷饼。

奶酪饭团
米饭有了新选择

🕐 45分钟

🔥 简单

⏰ 剩米饭变成可爱的小饭团，软糯的米饭与浓郁的奶酪融合在一起，咬一口，滋味无穷。

用料

大米200克·玉米粒30克·火腿适量·
胡萝卜30克·奶酪片2片·海苔碎适量·
食用油适量

参考热量（千卡）

大米200克	692
玉米粒30克	98.1
火腿20克	42.4
胡萝卜30克	11.7
奶酪片10克	32.8
合计	**877**

做法

❶ 大米洗净，放入电饭煲中，加入煮饭量的水，按下煮饭键。

❷ 胡萝卜洗净，去皮，切成小丁；火腿切成小丁。

❸ 炒锅放油烧热，放入火腿丁、玉米粒和胡萝卜丁，翻炒1分钟后盛出。

❹ 取一个大碗，放入米饭和炒好的蔬菜丁，搅拌均匀。

❺ 戴上手套，将米饭揉成一个个直径5~6厘米的圆饭团。

❻ 奶酪等分成4长片。在每个饭团上以十字交叉的方式放上奶酪片。

❼ 将饭团放入微波炉里，中高火加热2分钟。

❽ 取出后，在每个饭团上撒上适量的海苔碎即可。

烹饪秘籍

若揉饭团的时候米饭有粘连，可以在米饭中适当地加些香油，拌匀即可。

虾仁墨西哥塔可

在家也能吃塔可

🕐 15分钟
🔥 简单

⏰ 快手系早餐来袭！即使没有专业的塔可饼皮，也能做出好吃的墨西哥塔可，秘诀是什么？来看一下吧！

用料

全麦饼皮1张 · 牛油果半个 · 虾仁4~6个 · 番茄半个 · 香菜3根 · 柠檬汁适量 · 黑胡椒碎适量

参考热量（千卡）

全麦饼皮100克	362	番茄50克	7.5
牛油果50克	85.5	香菜10克	3.3
虾仁20克	18.6	**合计**	**476.9**

做法

❶ 卷饼对折，用圆形模具压出小圆饼。

❷ 将压好的小饼皮稍微弯曲一下，放入烤盘中。

❸ 将烤箱提前预热至180℃，放入饼皮烤5分钟。

❹ 番茄切小丁；香菜切末。

❺ 将牛油果捣碎，加入番茄丁、香菜末，再挤上柠檬汁，撒上黑胡椒碎搅拌均匀。

❻ 锅中烧开水，放入虾仁，焯熟后捞出。

❼ 饼皮上先涂一层牛油果酱，再放上虾仁即可。

烹饪秘籍

● 卷饼皮相对会软一些，很难形成塔可的弧度，因此要放进烤箱烤一下，定个形。具体烤制时间要依据自家烤箱来定。

第四章

谁说中式早餐
不够洋气

中式四喜福袋

展现手艺的时刻

🕐 40分钟

🔥 中等

用料

饺子皮10张·虾仁10个·
杂蔬粒100克·盐1茶匙·
黑胡椒碎适量·蚝油1茶匙·
韭菜适量·料酒1茶匙·
油少许

参考热量（千卡）

饺子皮50克 ·········	132
虾仁40克 ·········	37.2
杂蔬粒100克 ·········	88
合计 ·················	257.2

做法

1 虾仁洗净，去除虾线，加入盐和料酒腌制。

2 饺子皮刷油，一张一张叠起。

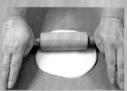

3 将摞好的饺子皮一起擀薄至原来的一倍大。

4 蒸锅烧开水，放入饺子皮，蒸8分钟。

5 另起一锅烧开水，放入杂蔬粒煮熟，捞出后控干水分备用。

6 将韭菜烫软，捞出备用。

7 紧接着放入虾仁，煮熟后捞出。

8 将煮好的虾仁和杂蔬粒搅拌均匀，加入盐、黑胡椒碎和蚝油调味。

9 取一张饺子皮，放上馅料。

10 最后用韭菜扎起来收口即可。

烹饪秘籍

韭菜只取绿色的部分，煮软后很容易当作绳子捆扎食材。

番茄饭

最火网红饭

🕐 45分钟

🔥 简单

用料

大米200克 · 番茄1个 · 洋葱100克 · 玉米粒50克 · 青豆50克 · 盐1茶匙 · 食用油少许

参考热量（千卡）

大米200克 ············· 692
番茄100克 ············· 15
洋葱100克 ············· 40
玉米粒50克 ········· 33.5
青豆50克 ··········· 199
合计 ················· **979.5**

做法

❶ 大米淘洗干净备用。

❷ 洋葱洗净，去皮切末。

❸ 番茄洗净去蒂，在中间用刀划个十字。

❹ 将浸泡好的大米放入电饭煲中，水量比平常煮饭少一些。

❺ 放入洋葱丁、玉米粒和青豆。

❻ 加几滴食用油，放入盐，再放入番茄。

❼ 按下煮饭键。

❽ 煮好后开盖，把番茄捣碎拌匀。

❾ 拌完再盖上锅盖闷5分钟，即可盛出。

烹饪秘籍

● 番茄煮熟后会出水，所以煮饭的水量要比平常放得少一些。

风靡网络的番茄饭，不仅营养美味，做法也超级简单。一个电饭煲就能轻松搞定。

中式煎蛋焖面

拉面还能这么吃

🕐 20分钟

🔥 简单

用料

拉面适量 · 鸡蛋2个 · 大蒜3瓣 · 小米辣3个 ·
生抽2茶匙 · 蚝油1茶匙 · 老抽1茶匙 ·
白糖1/4茶匙 · 陈醋1茶匙 · 油少许

参考热量（千卡）

拉面100克 ·········· 168
鸡蛋100克 ·········· 139
大蒜20克 ·········· 25.6
小米辣10克 ········· 3.8
合计 ················ 336.4

做法

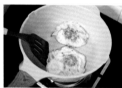
① 平底锅烧热放油，打入鸡蛋，小火煎至鸡蛋全熟，取出备用。

② 依次在碗中倒入生抽、老抽、蚝油、白糖和陈醋，调成酱汁。

③ 锅重新烧热，放入蒜末和小米辣炒香。

④ 倒入酱汁，再加400毫升清水煮开。

⑤ 放入煎蛋和拉面。

⑥ 盖上锅盖，转小火，焖煮至汤汁收干面全熟即可。

烹饪秘籍

● 煎蛋面的煎蛋一定要煎到边缘微焦才好吃，记得用中小火煎。

5分钟就能搞定的快手早餐面，一定非他莫属！
时间紧张的早餐，还想吃饱吃好，就一定要试试它！
快手早餐的必备食谱！

奶香南瓜拌面

让人停不下嘴的美味

🕐 20分钟

🔥 简单

🍳 作为主食，蒸南瓜已经吃过很多次了，可南瓜拌面你们尝试过吗？不得不再次感叹，南瓜真的是一种神奇的食材。

用料

南瓜100克 · 小葱2根 · 拉面100克
黑胡椒酱1茶匙 · 盐适量

参考热量（千卡）

南瓜100克 ·············· 23
拉面100克 ············ 281
合计 ················· **304**

做法

①南瓜去皮去瓤，放入锅中蒸熟。

②将蒸好的南瓜压成南瓜泥。

③小葱洗净，切成葱花；在南瓜泥中加入黑胡椒酱和海盐，搅拌均匀。

锅中烧开水，放入面条，煮熟。

⑤将煮好的面条过两遍冷水。

⑥在面条上加入南瓜泥和葱花，搅拌均匀即可。

烹饪秘籍

● 最好选用老南瓜，水分充足，拌面的时候口感好。

味噌热汤面

属于秋冬的温暖

🍜 有时候早晨醒来会觉得身体和胃都凉凉的，此时最适合吃的就是开胃又暖和的味噌汤面了！搭配自己喜欢的食材，一碗下肚，活力恢复！

用料

乌冬面100克 · 香菇2朵 · 牛肉丸2个
鸡蛋1个 · 小葱2根 · 味噌酱2茶匙
酱油1汤匙

参考热量（千卡）

乌冬面100克 ········· 126
香菇20克 ············· 5.2
牛肉丸20克 ·········· 14
鸡蛋50克 ··········· 69.5
味噌酱10克 ········· 17.2
合计················· **231.9**

做法

❶鸡蛋冷水下锅，水开后继续煮7分钟，然后过凉水。

❷将煮好的鸡蛋剥壳，对半切开备用。

❸香菇洗净、去蒂，表面划十字花纹。

❹小葱洗净，切成葱花。

❺锅中烧开水，放入香菇煮开，再下入牛肉丸。

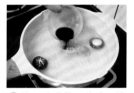

❻放入味噌酱和酱油，搅拌，使味噌酱溶解，将汤煮开。

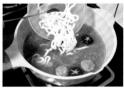

❼在煮好的汤里加入乌冬面，待乌冬面散开，即可捞出。

❽盛入碗中，放上鸡蛋，撒上葱花即可。

烹饪秘籍

◉ 乌冬面不像其他面食那样需要煮很长时间，只需面条散开即可，所以很适合作为忙碌时的早餐。

酸奶中式蒸糕

每一口都是满足

🥄 不加油的蛋糕料理！是不是听起来都很心动？柔软细腻，好吃不上火！我想没有人可以拒绝这道美食吧？

🕐 75分钟

⏣ 中等

用料

鸡蛋3个 糯米粉80克 酸奶100毫升
白砂糖20克 葡萄干10克

参考热量（千卡）

鸡蛋150克 ⋯⋯⋯ 208.5
糯米粉80克 ⋯⋯⋯ 280
酸奶100毫升 ⋯⋯⋯⋯ 70
白糖20克 ⋯⋯⋯ 79.2
葡萄干10克 ⋯⋯⋯ 34.4
合计 ⋯⋯⋯⋯⋯ **672.1**

做法

❶分离鸡蛋的蛋清和蛋黄。

❷将蛋黄加入酸奶中，搅拌均匀。

❸筛入糯米粉后继续搅拌。

❹蛋清中分三次加入白砂糖打发。

❺取1/3打发的蛋白，加入酸奶糊中，翻拌均匀。

❻再加入剩下的蛋白，完全翻拌均匀。

❼将混合物倒入6英寸蛋糕模具中，表面撒上葡萄干。

❽盖上一层保鲜膜，用牙签扎几个小孔。

❾蒸锅里烧开水，放入蛋糕模具，小火蒸50分钟即可。

烹饪秘籍

● 步骤4中的打发蛋白，将蛋白打发到有小尖角即可进行下一步。

125

菠菜藜麦糕

甜蜜小伪装

🕐 55分钟

🔥 简单

🍴 从没想过，菠菜和藜麦能结合出这么美味的料理，关键还都是健康食材，融合进一餐里，有多营养就不用再说了吧！

用料

藜麦100克　菠菜100克　鸡蛋3个
牛奶160毫升　盐1茶匙　黑胡椒碎适量

参考热量（千卡）

藜麦100克 ………… 357
菠菜100克 …………… 28
鸡蛋150克 ……… 208.5
牛奶160毫升 ……… 104
合计 ……………… 697.5

做法

❶藜麦提前一晚泡水备用。

❷将泡好水的藜麦加水煮15分钟，煮熟后沥干水分。

❸菠菜洗净、去根，焯水。

❹将焯好水的菠菜挤干水分，切碎。

❺将牛奶和鸡蛋放入碗中，搅拌均匀。

❻倒入藜麦和菠菜碎，加盐和黑胡椒碎调味，搅拌均匀。

❼将搅拌好的菠菜液倒入方形烘焙模具中。

❽将烤箱提前预热至180℃，烤40分钟即可。

烹饪秘籍

● 这款早餐除了用烤箱烤，还可以蒸，蒸的口感和烤的完全不一样，可以试试哦！

黄瓜饼

爽口又美味

⏱ 15分钟

🔥 简单

🍳 元气健康早餐你们一定不能错过！相比于传统的鸡蛋饼，黄瓜的加入提升了整体的清爽感，仿佛一口吃进了春天！

用料

黄瓜1根 · 面粉60克 · 鸡蛋2个 ·
小葱2根 · 盐1/2茶匙 · 油少许

参考热量（千卡）

黄瓜200克 ·············· 32
面粉60克 ········ 211.2
鸡蛋100克 ··········· 139
小葱10克 ·············· 2.7
合计················· **384.9**

做法

❶黄瓜洗净，擦成细丝备用。

❷小葱切末。

❸在黄瓜丝中加入葱末、鸡蛋和盐搅拌均匀。

❹加入面粉，搅拌成无颗粒的面糊。

❺平底锅烧热后刷一层薄薄的油，舀入面糊，小火煎至底面凝固。

❻翻面，煎至两面金黄即可。

烹饪秘籍

● 煎的过程中一定要用小火，翻面的时候也要慢！如果黄瓜水分太足，可以适当增加面粉的用量。

韭菜蛋饼

韩餐店的味道

⏱ 20分钟

🔥 简单

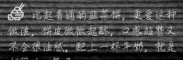 比起普通的韭菜饼，更爱这种做法，饼皮微微起酥，口感超赞又不会很油腻，配上一杯牛奶，就是舒服的一餐呢！

用料

韭菜70克·鸡蛋1个·
面粉40克·盐1茶匙·
植物油适量

参考热量（千卡）

韭菜70克 …………	17.5
鸡蛋50克 …………	69.5
面粉40克 ………	140.8
合计…………………	**227.8**

做法

❶ 韭菜洗净，切碎备用。

❷ 鸡蛋在碗中打散，加入面粉和140毫升水，搅拌均匀。

❸ 在面糊中加入盐和韭菜碎，搅拌均匀。

❹ 热锅冷油，倒入一半的面糊，摊平。

❺ 转成最小火，煎至面饼底部酥脆。

❻ 翻面煎至金黄即可。

❼ 再倒入剩余的面糊，重复步骤④、⑤、⑥即可。

烹饪秘籍

● 煎饼的过程中一定要全程保持小火，煎完前一块时，要将锅用厨房纸巾擦干净后再煎下一块。

豌豆泥与小蘑菇

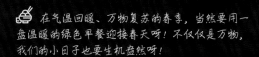
35分钟

简单

绿油油的早餐

在气温回暖、万物复苏的春季，当然要用一盘温暖的绿色早餐迎接春天呀！不仅仅是万物，我们的小日子也要生机盎然呀！

用料

豌豆100克 · 鸡蛋1个 · 白玉菇50克 ·
黑胡椒碎适量 · 黑胡椒酱1茶匙 ·
海盐适量 · 油适量

豌豆100克 ………… 138
鸡蛋50克 ………… 69.5
白蘑菇50克 ……… 14.5
合计………………… **222**

做法

❶鸡蛋冷水下锅，水开后继续煮10分钟，然后剥壳，切小块备用。

❷锅中烧开水，放入豌豆煮熟。

❸将煮好的豌豆放入料理机中打成泥。

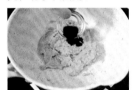

❹热锅冷油，放入豌豆泥翻炒，加入盐和黑胡椒酱，翻炒均匀。

❺将炒好的豌豆泥盛入碗中，抹平备用。

❻白玉菇洗净，放入锅中翻炒，加盐和黑胡椒碎调味。

❼将炒好的蘑菇和鸡蛋小块一起放在豌豆泥上即可。

烹饪秘籍

● 搅打豌豆时，如果太干可以适当加些水，尽量让豌豆泥保持湿润，否则在后续炒制时容易煳锅。

奶香紫薯饼

香甜软糯

🕐 45分钟

🔥 简单

🥢 如果你喜欢吃紫薯就一定不要错过这道料理！奶香十足，软软糯糯，口感丰富，关键是颜值也十分在线哦！

用料

紫薯150克 · 蜂蜜1茶匙 · 牛奶80毫升
糯米粉80克 · 熟白芝麻适量 · 油少许

参考热量（千卡）

紫薯150克 ········· 199.5
蜂蜜5克 ··········· 16.05
牛奶80毫升 ·········· 52
糯米粉80克 ········· 280
合计··············**547.55**

做法

❶ 紫薯洗净、去皮，放入蒸锅蒸熟。

❷ 将蒸好的紫薯压成泥。

❸ 在紫薯泥中加入牛奶和蜂蜜，搅拌均匀。

❹ 加入糯米粉，揉成紫薯糯米面团。

❺ 将面团分成小段，整形成小圆饼。

❻ 两面都蘸一层熟白芝麻。

❼ 平底锅烧热，刷一层薄薄的油，放入紫薯饼，小火煎1分钟。

❽ 加入2汤匙清水，盖上锅盖，煮至水分收干。

❾ 两面再各煎1分钟即可。

烹饪秘籍

● 不同紫薯的含水量会有所不同，步骤④中若材料太干揉不成面团，可适当加水。

鸡肉越南春饼卷

美味又低卡

🕐 25分钟

🔥 简单

越南米卷真是一个万能食材，想吃什么就卷什么，没有任何技术难度，口感筋道，热量又很低！

用料

越南春饼皮4张 · 紫苏叶4片 · 鸡胸肉100克 ·
胡萝卜100克 · 生姜1片 · 泰式甜辣酱2茶匙 ·
料酒1茶匙 · 海盐适量 · 黑胡椒碎适量

参考热量（千卡）

越南春饼皮100克 … 352
紫苏叶10克 ………… 5.1
鸡胸肉100克 ……… 118
胡萝100克 ………… 39
泰式甜辣酱10克 … 10.9
合计………………… **525**

做法

❶鸡胸肉冷水下锅，放
入姜片和料酒煮熟。

❷将煮好的鸡胸肉撕成
鸡胸肉丝。

❸加入海盐和黑胡椒碎
拌匀。

❹胡萝卜切细丝，放入锅
中焯水，然后捞出备用。

❺盘中放入热水。

❻将春饼皮两面快速沾
水，变透明后迅速取出，
放入另一个盘中。

❼在春饼皮上依次放紫
苏叶、鸡胸肉丝和胡萝卜
丝，然后卷起。

❽食用时可以蘸泰式甜
辣酱。

烹饪秘籍

● 春饼皮沾水变软、变透明后就立即取出，不要浸泡太久，否
则会影响口感。

137

低脂无米卷

最强伪装者

🕐 15分钟

🔥 简单

🍚 网红无米炒饭已经吃过了，那无米卷吃过吗？不放一粒米，也能拥有超级美味的寿司卷，还等什么呢！

用料

菜花150克　蟹柳棒4根　鸡蛋1个　黄瓜适量
胡萝卜适量　黑胡椒碎适量　海盐适量　海苔1张

参考热量（千卡）

菜花150克 …………… 30
蟹柳棒40克 ……… 35.6
鸡蛋50克 ………… 69.5
黄瓜50克 …………… 8
胡萝卜50克 ……… 19.5
合计…………… **162.6**

做法

❶鸡蛋打入碗中，搅散成蛋液，加盐调味。

❷平底锅烧热，倒入蛋液摊成蛋饼，切条备用。

❸菜花切碎，放入蒸锅蒸5分钟。

❹胡萝卜切细丝；黄瓜切长条；蟹柳棒撕成细丝。

❺取出菜花，加盐搅拌均匀。

❻取一张海苔，均匀地在上面铺上菜花碎。

❼依次摆上蟹柳棒细丝、蛋饼条、黄瓜条和胡萝卜丝。

❽卷起后切开即可。

烹饪秘籍

● 菜花一定要铺得密实一些，避免之后散开。卷的时候一定要慢，防止海苔破碎。

中式海鲜蛋羹

暖暖的早餐

🕐 20分钟

🔥 简单

🍳 这款勾芡的浓汤不仅适合作为日常早餐饮用。酒后醒来的清晨，一碗下肚，瞬间恢复活力！

用料

鸡蛋1个 · 蟹柳棒3根 · 虾仁6个 · 香菇2朵 ·
大葱30克 · 生姜10克 · 料酒1茶匙 ·
淀粉2茶匙 · 耗油1茶匙 · 盐1/4茶匙

参考热量（千卡）

鸡蛋50克 …………	69.5
蟹柳棒20克 ………	17.8
虾仁20克 …………	18.6
香菇10克 …………	2.6
大葱30克 …………	8.4
合计………………	**116.9**

做法

❶ 蟹柳棒撕成细丝；虾仁去除虾线备用；香菇去蒂切片。

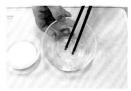

❷ 鸡蛋只取蛋清，打散；淀粉加4茶匙水，调成水淀粉备用。

❸ 生姜切细丝；大葱斜切成片。

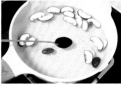

❹ 锅中烧开水，倒入料酒，放入香菇片，小火煮开，加入盐和蚝油调味。

❺ 另起一锅，热锅冷油，放入姜丝和葱片，小火炒香。

❻ 加入虾仁翻炒。

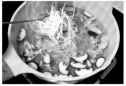

❼ 将炒过的食材倒入汤中，放入蟹柳棒细丝，小火煮开。

❽ 煮开后倒入蛋清液并搅散。

❾ 最后淋上水淀粉勾芡即可。

烹饪秘籍

● 调水淀粉要用凉水，切忌加热水。

鸡丝豆腐脑
解锁豆腐新吃法

🕐 40分钟

🔥 简单

🥢 谁说咸豆腐脑只有单一的做法？只需要稍作改变，味道就会令人惊艳呢！不信？来试试这款！

用料

内酯豆腐100克 · 鸡胸肉50克 · 干木耳3克
胡萝卜20克 · 淀粉4茶匙 · 蚝油2茶匙 · 酱油1茶匙
老抽1/2茶匙 · 料酒1茶匙 · 盐适量 · 辣椒酱1茶匙
油、葱花各少许

参考热量（千卡）

内酯豆腐100克 ········ 50
鸡胸肉50克 ·········· 59
干木耳3克 ·········· 7.95
胡萝卜20克 ·········7.8
合计·············124.75

做法

❶鸡胸肉冷水下锅，放入料酒煮熟。

❷将煮好的鸡胸肉撕成鸡胸肉丝。

❸干木耳泡发，切细丝；胡萝卜切细丝。

❹内酯豆腐放入锅中蒸10分钟。

❺热锅冷油，放入葱花炒香，再加入胡萝卜丝和木耳丝翻炒。

❻加水煮开，转小火继续煮5分钟。

❼放蚝油、酱油、老抽和盐调味，加入鸡胸肉丝搅拌均匀。

❽淀粉加水调成水淀粉，倒入锅中，快速搅拌至浓稠。

❾将蒸好的内酯豆腐舀入碗中，舀入鸡丝卤。

❿放上1汤匙辣椒酱即可。

烹饪秘籍

最后还可以加入榨菜丝和香菜，搅拌均匀就可以享用美味啦！

143

改良版的老北京糊塌子，热量更低，口感却不会变差！煎好的糊塌子软软嫩嫩，非常适合早餐食用。

全麦糊塌子
健康碳水打卡

🕐 15分钟

🔥 简单

用料

西葫芦1根 · 鸡蛋1个 · 全麦面粉100克 · 普通面粉50克 · 盐1茶匙 · 香油1/2茶匙

参考热量（千卡）

西葫芦200克 ………… 38
鸡蛋50克 ………… 69.5
全麦面粉100克 …… 359
普通面粉50克 …… 176
合计………………… **642.5**

做法

①西葫芦洗净，擦成细丝。

②加入鸡蛋、两种面粉、盐和香油，搅拌成面糊。

③平底锅烧热，舀入面糊并摊开，小火煎至底部金黄后翻面。

④煎至两面金黄即可。

烹饪秘籍

● 煎糊塌子的时候要全程保持小火，饼要尽量摊薄，这样做出来的糊塌子边缘会有微焦的感觉。

萝卜丝煎蛋汤

奶白香浓

🕐 25分钟

🔥 简单

用料

白萝卜50克 · 鸡蛋2个 · 白胡椒粉1茶匙 ·
盐1/2茶匙 · 虾皮适量 · 油适量

参考热量（千卡）

白萝卜50克 …………………8

鸡蛋100克 ………… 139

合计…………………… 147

做法

❶白萝卜去皮，切成细丝。

❷热锅冷油，打入鸡蛋，煎成荷包蛋。

❸锅中烧开水，放入煎蛋，转小火煮2分钟。

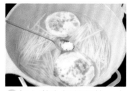

❹加入萝卜细丝和盐，小火煮5分钟。

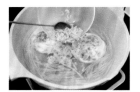

❺出锅前撒上白胡椒粉和虾皮即可。

🥢 与明星同款的低脂低卡汤品，别看做法简单，味道却是一绝！

烹饪秘籍

● 除了虾皮，用虾米也可以，味道更鲜。但虾米要在步骤③的时候放入，跟荷包蛋一起煮。

土豆浓汤

口口浓郁

- ⏱ 25分钟
- 🔥 简单

🍲 土豆浓汤是浓汤中最为出名的。这款汤品奶味浓郁，口感顺滑。牛奶与土豆的搭配是一种美妙的味蕾碰撞。

用料

土豆1个 · 洋葱1/4个 · 牛奶200毫升 ·
黄油适量 · 盐1/2茶匙

参考热量（千卡）

土豆100克 ·············· 81

洋葱20克 ·················8

牛奶200毫升 ········ 130

黄油10克 ·········· 88.8

合计················· **307.8**

做法

❶土豆洗净，去皮，切成小块。

❷洋葱洗净，去皮，切丝。

❸锅中放黄油，小火加热至黄油融化，然后放入洋葱丝，炒软。

❹放入土豆块翻炒，加水没过食材，土豆煮软即可。

❺把煮软的土豆和洋葱放入料理机中，搅打成泥。

❻将土豆泥倒入锅中，小火慢搅。

❼加入牛奶，小火熬煮至土豆泥和牛奶完全融合。

❽放入盐，搅拌均匀即可出锅。

烹饪秘籍

● 放入牛奶后要不停搅拌，直至完全融合，以免煳底。煮的时候要调节汤的浓稠度，觉得稠厚就加些牛奶直至顺滑。

这是一款美容、抗衰、热量低的素食汤。番茄搭配豆腐，既保证了蛋白质的摄入，又控制了脂肪含量！

番茄豆腐豆芽汤

解腻又爽口

🕐 15分钟

🔥 简单

用料

番茄1个 · 内酯豆腐100克 · 豆芽50克 · 香菜适量 · 盐1茶匙 酱油1茶匙

参考热量（千卡）

番茄100克	15
内酯豆腐100克	50
豆芽50克	8
香菜10克	3.3
合计	**76.3**

做法

❶番茄洗净、切块；豆腐切小块。

❷豆芽择洗干净；香菜洗净、切段。

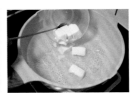
❸锅中烧开水，放入豆腐后转小火煮5分钟。

❹加入番茄块和豆芽继续煮5分钟。

❺加入盐和酱油调味。

❻出锅前放上香菜即可。

烹饪秘籍

● 这道汤整体清爽不油腻，番茄不需要煮透，只要跟豆芽一起煮熟即可。

时蔬能量汤
喝得到的爽滑

🕐 15分钟

🔥 简单

用料

虾仁6个 · 内酯豆腐60克 · 干木耳适量 ·
西蓝花40克 · 盐1/2茶匙 · 蚝油1/2茶匙 ·
香油1/2茶匙 · 料酒1茶匙

参考热量（千卡）

虾仁20克 ………… 18.6
内酯豆腐60克 ……… 30
西蓝花40克 ……… 10.8
合计………………… 59.4

做法

① 虾仁洗净，加入料酒腌制。

② 干木耳泡发；内酯豆腐切小块；西蓝花切成小朵。

③ 热锅放入香油，加入虾仁炒熟。

④ 倒水煮开，放入木耳和豆腐块，小火煮5分钟。

⑤ 加入盐和蚝油调味。

⑥ 最后加入小朵西蓝花，煮1分钟即可出锅。

烹饪秘籍

● 西蓝花煮太久会变软，非常影响口感，所以要最后放，煮1分钟即可。

🍲 一年四季都必备的低脂营养能量汤！一碗下肚，带来一整天的活力！这款汤也特别适合减脂塑形期的人群食用！

酒酿冲蛋小圆子
秋冬季的温暖

⏱ 15分钟

🔥 简单

🍲 对酒酿的爱，是来南方之后开始的！阴雨绵绵的早晨，最适合吃这样一碗暖心又暖胃的地道中式早餐了！

用料

酒酿2汤匙 · 鸡蛋1个 · 小圆子20克
蜂蜜1/2茶匙 · 枸杞子适量

参考热量（千卡）

酒酿30克 ………… 27.3
鸡蛋50克 ………… 69.5
小圆子20克 ……… 48.8
合计…………………… 145.6

做法

❶ 锅中烧开水，放入酒酿和枸杞子，小火煮3分钟。

❷ 加入小圆子煮至浮起。

❸ 鸡蛋打入碗中，搅拌成均匀的蛋液。

❹ 将酒酿小圆子再次煮开，淋上蛋液，关火搅散。

❺ 出锅前放入蜂蜜调味即可。

烹饪秘籍

● 之前喜欢最后再放酒酿，但多次尝试后，发现先煮酒酿口感更好！

第五章

把鸡蛋做成
"吃不起"的样子

意式培根烘蛋

满口浓郁

没有特定的做法，也没有特别的食材，喜欢的食物想加就加，吃的就是这份随心所欲呀！一顿早餐就能同时拥有色彩斑斓的美食和心情！

用料

吐司1片·圣女果3个·火腿片2片·洋葱30克·
彩椒半个·鸡蛋3个·牛奶200毫升·黑胡椒碎适量·
海盐适量·油少许

参考热量（千卡）

吐司100克 …………	283
圣女果10克 …………	2.5
火腿片20克 …………	48.8
洋葱30克 …………	12
彩椒50克 …………	13
鸡蛋150克………	208.5
牛奶200毫升………	130
合计………………	**697.8**

做法

① 吐司切成边长1厘米的小方块。

② 火腿片切小片；洋葱切碎；彩椒切小块；圣女果对半切开。

③ 热锅冷油，放入火腿片、洋葱碎和彩椒块翻炒。

④ 鸡蛋在碗中打散，搅拌均匀并过筛。

⑤ 蛋液中加入牛奶，搅拌均匀。

⑥ 加入吐司块、圣女果和炒过的食材，用海盐和黑胡椒碎调味。

⑦ 将烤箱提前预热至180℃，烤20~25分钟即可。

烹饪秘籍

● 烤箱的具体温度，需要依据自家烤箱的情况调整。

诱人魔鬼蛋
超人气鸡蛋料理

这道鸡蛋料理有多简单？只要会做水煮蛋就会做这道魔鬼蛋！不信？你来试试！

🕐 20分钟

🔥 简单

用料

鸡蛋5个·蛋黄酱1茶匙·蜂蜜芥末酱1茶匙·海盐适量·黑胡椒碎适量·辣椒粉适量

参考热量（千卡）

鸡蛋250克 ……… 347.5
蛋黄酱5克 ………… 34.8
蜂蜜芥末酱5克 …… 23.2
合计………………… **405.5**

做法

❶鸡蛋冷水下锅，水开后继续煮10分钟至鸡蛋全熟。

❷将煮好的鸡蛋放入冷水中剥壳。

❸纵向对半切开鸡蛋，取出蛋黄。

❹将蛋黄用滤网压成细腻的泥。

❺加入蛋黄酱、蜂蜜芥末酱、海盐和黑胡椒碎，搅拌均匀。

❻将调好的蛋黄酱放入裱花袋中，挤在蛋白上。

❼撒上辣椒粉即可。

烹饪秘籍

● 在煮鸡蛋的过程中，要时不时地翻动鸡蛋，这样煮出来的蛋黄不会偏向一边。

奶酪欧姆雷蛋
鸡蛋届的人气选手

🕐 15分钟
🔥 简单

用料

鸡蛋3个 · 海盐适量 · 黑胡椒碎适量 · 油少许

参考热量（千卡）

鸡蛋150克 ········ 208.5
合计 ················ **208.5**

做法

❶鸡蛋在碗中打散并搅拌均匀。

❷将蛋液用滤网过筛。

❸平底锅烧热，倒油，倒入蛋液。

❹转小火，以画圈的方式用筷子迅速搅散。

❺将锅朝一个方向倾斜，把蛋液慢慢推成橄榄状。

❻关火，利用余温再加热1分钟，撒上黑胡椒碎和海盐即可。

简单又有颜值的蛋料理，虽然看起来有难度，却很容易上手！学会它，周末邀请朋友来家里吃早餐时，就可以大显身手啦！

烹饪秘籍

● 欧姆雷蛋不要煎得过熟，会影响口感，八九分熟为最佳，因此最好选用可生食鸡蛋。

水波蛋时蔬沙拉
高蛋白的选择

🕐 20分钟

🔥 简单

满满的蔬菜打底，再搭配蛋白质丰富的鸡胸肉和水波蛋，一道营养均衡的低卡早餐由此诞生！

用料

鸡蛋1个·鸡胸肉50克·沙拉菜适量·圣女果4个·彩椒1/4个·白醋适量·橄榄适量·黑胡椒碎适量·油醋汁2茶匙·油少许

参考热量（千卡）

鸡蛋50克	69.5
鸡胸肉50克	59
沙拉菜20克	14
圣女果20克	5
彩椒20克	5.2
油醋汁10毫升	44.9
合计	**197.6**

做法

❶锅中烧开水，放入鸡胸肉煮熟。

❷将煮熟的鸡胸肉撕成细丝。

❸圣女果对半切开；彩椒切小块。

❹另起一锅烧开水，倒入白醋后煮沸。

❺汤匙上薄薄地涂上油，打入1个鸡蛋，再慢慢将汤匙放入沸水中。

❻当蛋白凝固时，即可将鸡蛋从汤匙里放入锅中，再煮1分钟即可。

❼将蔬菜放入盘中，放上鸡胸肉细丝、圣女果、彩椒块和橄榄，摆上水波蛋。

❽最后淋上油醋汁，撒上黑胡椒碎即可。

烹饪秘籍

● 这里水波蛋的蛋黄可以是半熟的，也可以是全熟的。如果想吃全熟的蛋黄，延长煮的时间即可。

沙拉蛋三明治

经典的三明治组合

⏱ 15分钟

🔥 简单

◎ 简单的食材也不能阻止它诱人的口感，松软的吐司上放入捣碎的鸡蛋，每一口都能吃得到营养与享受。

用料

吐司2片　鸡蛋2个　酸黄瓜1根
蜂蜜芥末酱2茶匙　黑胡椒碎适量

参考热量（千卡）

吐司100克 ………… 283
鸡蛋100克 ………… 139
酸黄瓜20克 …………5.2
蜂蜜芥末酱10克 … 46.4
合计…………… **473.6**

做法

❶鸡蛋冷水下锅，水开后继续煮12分钟至鸡蛋全熟。

❷将煮好的鸡蛋放入凉水中剥壳。

❸将剥好的鸡蛋放入碗中捣碎。

❹在鸡蛋碎中加入蜂蜜芥末酱和黑胡椒碎，搅拌均匀。

❺酸黄瓜切薄片。

❻吐司去边；取一片无边吐司，均匀地涂抹上鸡蛋酱。

❼摆上酸黄瓜薄片，盖上另一片无边吐司，对半切开即可。

烹饪秘籍

● 除了蜂蜜芥末酱，也可以选择低脂蛋黄酱，这里的酱料要多放一些，否则蛋黄太干会影响口感。

鲜虾西蓝花蛋饼

西蓝花的绝美吃法

🕙 20分钟

🔥 简单

⬡ 学会了基础版欧姆雷蛋，就来试试进阶版吧！把喜欢的食材统统塞进蛋饼里，一口咬下去，是丰富满足的味蕾享受了！

用料

西蓝花50克·虾仁6个·火腿片2片·
鸡蛋3个·牛奶20毫升·海盐适量·
黑胡椒碎适量·油少许

参考热量（千卡）

西蓝花50克　……… 13.5
虾仁20克　………… 18.6
火腿片20克　……… 48.8
鸡蛋150克………　 208.5
牛奶20毫升　……… 13
合计……………… 302.4

做法

  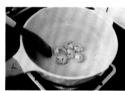 

❶西蓝花掰成小朵洗净；
火腿片切小片；虾仁去除
虾线。

❷锅中烧开水，放入西
蓝花，焯水后取出。

❸平底锅烧热，刷一层
油，放入虾仁炒熟。

❹加入西蓝花和火腿片
炒熟。

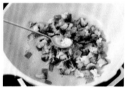   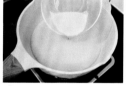

❺撒黑胡椒碎和海盐调
味，盛出备用。

❻鸡蛋在碗中打散，搅
拌均匀并过筛。

❼在蛋液中加入牛奶，
搅拌均匀。

❽平底锅烧热，放油，
倒入蛋液。

❾转小火，用筷子快速
搅散蛋液后摊成蛋饼。

❿加入炒好的配菜，对
折即可。

烹饪秘籍

● 炒配菜时已经调过味，因此蛋饼中不需要再加盐
和黑胡椒碎。

罗勒奶酪蛋饼

酥脆美味

🕐 15分钟

🔥 简单

🍳 每个早晨享受一份不重样的鸡蛋料理，也是一件很幸福的事情呀！15分钟就能搞定的蛋饼，快来看看吧！

用料

鸡蛋2个·圣女果3个·鲜罗勒叶适量·
海盐适量·黑胡椒碎适量·黄油5克

参考热量（千卡）

鸡蛋100克 ············ 139
圣女果40克 ·········· 10
黄油5克 ·············· 44.4
合计················ **193.4**

做法

❶鸡蛋在碗中打散后搅拌均匀。

❷在搅拌好的蛋液中加入盐和黑胡椒碎调味。

❸圣女果对半切开。

❹平底锅烧热放黄油，黄油融化后放入圣女果，小火翻炒1分钟。

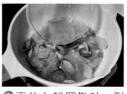

❺再放入鲜罗勒叶，倒入蛋液。

❻轻轻晃动锅体，摊平蛋液。

❼煎至蛋液凝固即可出锅。

烹饪秘籍

● 煎蛋时要全程保持小火，否则可能底部已经煳了，表层还没凝固呢。

鸡蛋可乐饼

碳水的力量

🕐 45分钟

🔥 简单

🍳 谁能拒绝鸡蛋和土豆的美妙组合？时间充裕的假期，起床后晒着太阳，给自己用心地准备一顿美味的早餐吧！

用料

鸡蛋2个·土豆1个·牛奶10毫升·咖喱粉1茶匙·海盐适量·黑胡椒碎适量·面粉适量·蛋液适量·面包糠适量

参考热量（千卡）

鸡蛋100克 ············· 139
土豆100克 ············· 81
牛奶10毫升 ··········· 6.5
咖喱粉5克 ········· 17.05
合计 ················· **243.55**

做法

❶ 鸡蛋冷水下锅，水开后继续煮12分钟至鸡蛋全熟。

❷ 将煮好的鸡蛋放入凉水中剥壳。

❸ 土豆去皮切小块，放入锅中蒸熟。

❹ 将蒸好的土豆和鸡蛋放入碗中捣碎。

❺ 加入牛奶、海盐、咖喱粉和黑胡椒碎调味。

❻ 将土豆鸡蛋泥用手整成一个一个的椭圆形小饼。

❼ 依次裹上面粉、蛋液和面包糠。

❽ 将烤箱提前预热至180℃，烤20分钟，烤至金黄即可。

烹饪秘籍

● 土豆除了蒸之外，还可以盖上一层保鲜膜，放入微波炉，高火加热8分钟。

网红牛油果鲜虾蛋卷

牛油果爱好者不要错过

🕐 20分钟

🔥 简单

喜欢牛油果的小伙伴们一定不要错过这款料理，好吃不胖，一口咬下去还会爆浆，减脂期也能放心食用。

用料

鸡蛋2个·牛油果1个·虾仁6个·
黑胡椒碎适量·蜂蜜芥末酱适量·
料酒、油各少许

参考热量（千卡）

鸡蛋100克 ············ 139
牛油果200克 ········ 354
虾仁20克 ·········· 18.6
蜂蜜芥末酱5克 ····· 23.2
合计················ **534.8**

做法

❶虾仁去除虾线，加入
料酒腌制。

❷鸡蛋打散成蛋液，搅
拌均匀。

❸平底锅烧热放油，倒
入蛋液，摊成薄饼。

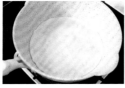

❹煎至蛋液凝固即可
盛出。

❺锅中紧接着放入虾仁
煎熟。

❻将牛油果对半切开，
去皮去核。

❼在牛油果上加入黑胡
椒碎，捣成牛油果泥。

❽在蛋饼上均匀地涂抹
一层牛油果泥。

❾卷起，摆上虾仁，挤
上蜂蜜芥末酱即可。

烹饪秘籍

● 这里的蜂蜜芥末酱也可以换成蛋黄酱。

培根吐司鸡蛋卷
经典的吐司料理

🕐 25分钟

🔥 简单

普通的吐司早就吃腻了？那不妨来试试这款吧！不需要餐具的吐司鸡蛋料理，也算是另一种程度上的省时间了吧！

用料

鸡蛋2个·吐司2片·奶酪片1片·
培根2片·黑胡椒碎适量

参考热量（千卡）

鸡蛋100克 ………… 139
吐司200克 ………… 566
奶酪片20克 ……… 65.6
培根20克 ………… 78.8
合计…………… **849.4**

做法

❶鸡蛋冷水下锅，水开后继续煮12分钟至鸡蛋全熟。

❷将煮好的鸡蛋放入凉水中剥壳。

❸将鸡蛋放入碗中捣成鸡蛋碎，加入黑胡椒碎调味。

❹奶酪片对半切开；吐司去边。

❺吐司用擀面杖擀薄一些。

❻在吐司上依次摆放奶酪片和鸡蛋碎。

❼卷起，包上一层培根。

❽平底锅烧热不放油，放入吐司小火煎30秒定形。

❾包上油纸即可。

烹饪秘籍

● 若放在锅中不好翻面，怕散，也可以放入预热至180℃的烤箱中，烤5分钟，定形即可。

超蘑蛋卷

口蘑的花样吃法

🕐 20分钟

🔥 简单

◎ 口蘑爽滑的口感，搭配软嫩的鸡蛋，会
迸发出什么火花？试试不就知道了！

用料

口蘑2个 · 鸡蛋4个 · 酱油1茶匙 ·
海盐适量 · 油适量

参考热量（千卡）

口蘑20克 　………… 55.4
鸡蛋200克 ………… 278
合计……………… **333.4**

做法

❶鸡蛋在碗中打散，搅拌均匀并过筛。

❷口蘑洗净，去蒂后切片。

❸热锅冷油，加入口蘑片炒软炒熟。

❹在蛋液中加入口蘑片、酱油和盐，搅拌均匀。

❺将方形厚蛋烧锅烧热，刷一层薄薄的油，倒入1/3的蛋液，煎至七成熟。

❻朝一个方向卷起，大约3厘米宽。

❼将鸡蛋卷推到边缘，剩余的蛋液也用此方法卷起。

❽煎好的厚蛋烧不要立即取出，关火静置5分钟。

❾取出后彻底凉凉，切块即可。

烹饪秘籍

● 这里的口蘑要先炒熟再放入蛋液中，否则生的口蘑不好卷起。

鸡蛋卷小寿司

根本停不下来

🕐 25分钟

🔥 简单

可爱的鸡蛋寿司，一口一个，是好吃到
停不下来的美味！

用料

鸡蛋2个 · 米饭1碗 · 白醋1勺 · 寿司酱油1茶匙 ·
海盐适量 · 海苔片适量 · 油少许

参考热量（千卡）

米饭100克 ………… 116
鸡蛋100克 ………… 139
合计 ……………… **255**

做法

❶ 鸡蛋在碗中打散，搅拌均匀并过筛。

❷ 在米饭中加入白醋和盐，搅拌均匀。

❸ 将海苔片剪成1厘米宽的长条。

❹ 平底锅烧热刷油，转小火，先放入一片海苔。

❺ 将醋米饭团成一个一个的椭圆形小长块。

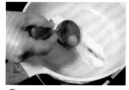
❻ 用汤匙舀入蛋液并摊平，宽度要能包裹住饭团。

❼ 放上饭团，卷起即可。食用时可蘸寿司酱油。

烹饪秘籍

● 米饭中也可以加上自己喜欢的食材，比如肉松或者金枪鱼。

爆浆奶酪厚蛋烧

新式厚蛋烧做法

🕐 20分钟

🔥 简单

🍳 奶香十足的厚蛋烧，满满的蛋白质，是一口咬下能爆浆的神仙鸡蛋料理了！

用料

鸡蛋4个　奶酪片2片　牛奶30毫升
盐适量　油少许

参考热量（千卡）

鸡蛋200克 ············ 278
奶酪片20克 ········ 65.6
牛奶30毫升 ········ 19.5
合计·················· 363.1

做法

❶ 鸡蛋在碗中打散，搅拌均匀并过筛。

❷ 将奶酪片切成2厘米宽的长条。

❸ 在蛋液中加入牛奶和盐，搅拌均匀。

❹ 将方形厚蛋烧锅烧热，刷一层薄薄的油，倒入1/4的蛋液，煎至七成熟。

❺ 放上奶酪片，朝一个方向卷起，大约3厘米宽。

❻ 将鸡蛋奶酪卷推到边缘，剩余的蛋液也用此方法卷起。

❼ 将煎好的厚蛋烧切块即可。

烹饪秘籍

● 跟其他厚蛋烧不同，这款厚蛋烧要趁热切开才能爆浆哦！

菠菜虾仁玉子烧卷

营养美味好搭配

🕐 15分钟

🔥 简单

用料

菠菜100克 · 蟹柳棒4根 · 鸡蛋4个 · 酱油1茶匙 ·
海盐适量 · 油少许

参考热量（千卡）

菠菜100克 ⋯⋯⋯⋯⋯ 28
蟹柳棒40克 ⋯⋯⋯ 35.6
鸡蛋200克 ⋯⋯⋯⋯ 278
合计⋯⋯⋯⋯⋯⋯ 341.6

做法

❶鸡蛋在碗中打散，搅拌均匀并过筛。

❷蟹柳棒撕成细丝。

❸菠菜洗净，放入锅中焯水，捞出后挤干水分，切碎。

❹蛋液中加入蟹柳棒细丝、菠菜碎、酱油和海盐，搅拌均匀。

❺将方形厚蛋烧锅烧热，刷一层薄薄的油，倒入1/3的蛋液，煎至七成熟。

❻朝一个方向卷起，大约3厘米宽。

❼将鸡蛋卷推到边缘，剩余的蛋液也用此方法卷起。

❽煎好的厚蛋烧不要立即取出，关火静置5分钟。

❾取出，彻底凉凉后，切块即可。

烹饪秘籍

● 这里的菠菜要尽量切碎一些，后面才好卷起。

176

如果一定要选一种与玉子烧最搭配的食材，那一定是菠菜了！菠菜不仅营养丰富，味道和外形也和玉子格外搭！一定要试试呀！

香葱玉子烧

征服众口难调

🕐 15分钟

🔥 简单

用料

鸡蛋4个 · 牛奶10毫升 · 小葱3根 · 酱油1茶匙 · 海盐适量 · 油少许

参考热量（千卡）

鸡蛋200克	278
牛奶10毫升	6.5
小葱20克	5.4
合计	**289.9**

做法

❶ 鸡蛋在碗中打散，搅拌均匀并过筛。

❷ 将小葱切成葱花。

❸ 在蛋液中加入牛奶、葱花、酱油和盐，搅拌均匀。

❹ 将方形厚蛋烧锅烧热，刷一层薄薄的油，倒入1/3的蛋液，煎至七成熟。

❺ 朝一个方向卷起，大约3厘米宽。

❻ 将鸡蛋卷推到边缘，剩余的蛋液也用此方法卷起。

❼ 煎好的厚蛋烧不要立即取出，关火静置5分钟。

❽ 取出，彻底凉凉后，切块即可。

烹饪秘籍

● 煎厚蛋烧不需要很多油，放太多油会导致厚蛋烧表面粗糙。此外，煎的过程中要全程保持小火。

这是一道可以征服男女老少的鸡
蛋料理，软软嫩嫩，一口一个，根本
停不下来！

第五章　把鸡蛋做成『吃不起』的样子

179

三文鱼鸡蛋塔塔

周末来顿早午餐吧

🕐 25分钟

🔥 简单

这是一道充满仪式感的鸡蛋早午餐，看似很复杂，其实尝试过就知道有多简单！来做一款惊艳朋友圈的美食吧！

用料

鸡蛋2个·圣女果6个·牛油果半个·三文鱼4片·
黑胡椒碎适量·盐、油各少许

参考热量（千卡）

鸡蛋100克 ············ 139
圣女果20克 ············· 5
牛油果50克 ········ 88.5
三文鱼20克 ········ 27.8
合计················· **260.3**

做法

❶鸡蛋在碗中打散，加
入盐和黑胡椒碎，搅拌
均匀。

❷热锅冷油，倒入蛋
液，转小火炒散炒碎，盛
出备用。

❸圣女果切小丁。

❹将半个牛油果去皮、
去核，捣成牛油果泥。

❺在牛油果泥中加入黑
胡椒碎调味。

❻三文鱼切小丁。

❼将鸡蛋碎、圣女果
丁、牛油果泥、三文鱼丁
依次放入圆形模具中。

❽每层都压平后脱模，
撒上黑胡椒碎即可。

烹饪秘籍

● 如果觉得三文鱼有鱼腥味，可以
挤上几滴柠檬汁。

低卡古早蛋糕

还原蛋糕店的美味

🕐 90分钟

🔥 中等

📷 商场里软软嫩嫩的古早蛋糕在家也能还原啦！不过我们做的更加美味，还是低卡版的呢！蛋糕自由分分钟实现！

用料

低筋面粉50克·橄榄油40毫升·牛奶40毫升·
鸡蛋3个·白砂糖20克·盐1克·柠檬汁适量

参考热量（千卡）

低筋面粉50克 …… 197
橄榄油40毫升 … 359.6
牛奶40毫升 ………… 26
鸡蛋150克 ……… 208.5
白砂糖20克 ………… 80
合计……………… **871.1**

做法

❶将鸡蛋的蛋清和蛋黄分离。

❷将橄榄油倒入锅中，烧至微微冒小泡。

❸将加热好的橄榄油倒入低筋面粉中，用"Z"字形手法拌匀。

❹加入盐、蛋黄和牛奶，搅拌均匀，做成蛋黄糊。

❺蛋清中加入柠檬汁，再分三次加入白砂糖打发。

❻取1/3打发的蛋白糊加入蛋黄糊中，翻拌均匀。

❼再加入剩下的蛋白糊，完全翻拌均匀。

❽将混合物倒入6英寸蛋糕模具中，上下震几下，排出其中的空气。

❾将烤箱提前预热至180℃，烤60分钟即可。

烹饪秘籍

● 将蛋白打发到有小尖角即可进行下一步，打发的蛋白加入蛋黄糊时一定要用翻拌的手法，不能搅拌。

玉米面蛋松饼
中式食材西式美味

🕐 25分钟

🔥 中等

🥚 很难相信，玉米面做出来的松饼
完全不逊色于普通面粉做的，低卡美
味，非他莫属！

用料

鸡蛋5个·玉米面200克·白糖30克

参考热量（千卡）

鸡蛋250克 ········ 347.5
玉米面200克 ········ 700
白糖30克 ········ 118.8
合计················· **1166.3**

做法

❶将鸡蛋打入盆中，加入白糖。

❷用打蛋器打发，提起打蛋器时，滴落的蛋液不会立即消失即可。

❸分两次筛入玉米面。

❹用刮刀翻拌均匀。

❺将翻拌好的玉米面糊舀入裱花袋中。

❻平底锅烧热不放油，挤上玉米糊，表层出现小气泡时，翻面再煎30秒。

❼煎至两面金黄即可。

烹饪秘籍

● 这道松饼不用放油，所以一定要使用不粘锅。

"天津饭"其实跟天津没有什么关系，这是一道在日本的中华料理店经常会出现的料理，深受日本人的喜爱，那究竟有多好吃？这次来一探究竟！

天津饭
还原日料店的味道

🕐 20分钟

🔥 简单

用料

米饭1碗 · 鸡蛋3个 · 蟹柳棒4根
生抽1茶匙 · 陈醋1茶匙 · 蚝油2茶匙
黑胡椒碎适量 · 淀粉2茶匙 · 油少许

参考热量（千卡）

米饭100克 ………… 116
鸡蛋150克 ……… 208.5
蟹柳棒40克 ……… 35.6
淀粉10克 ………… 34.6
合计…………… **394.7**

做法

❶ 鸡蛋在碗中打散后搅拌均匀。

❷ 蟹柳棒撕成细丝，放入蛋液中搅匀。

❸ 平底锅倒油烧热，倒入蟹柳棒细丝蛋液，小火煎至蛋液凝固。

❹ 将煎好的蛋饼盖在米饭上。

❺ 将生抽、陈醋、蚝油和黑胡椒碎倒入碗中，加入淀粉和两倍量的清水搅拌均匀。

❻ 将调味汁倒入锅中烧开，煮至酱汁浓郁。

❼ 将煮好的酱汁浇在蛋饼上即可。

烹饪秘籍

● 这里最好用即食的熟蟹柳棒，口感最佳。

牛奶鸡蛋小醪糟

简单快速的早餐

🕐 15分钟

🔥 简单

用料

酒酿3汤匙 · 鸡蛋1个 · 牛奶200毫升 · 蜂蜜1/2茶匙

参考热量（千卡）

酒酿50克	26
鸡蛋50克	69.5
牛奶200毫升	130
合计	225.5

做法

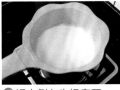

❶ 锅中倒入牛奶煮开。

❷ 放入酒酿，小火煮3分钟。

❸ 鸡蛋打入碗中，搅拌均匀成蛋液。

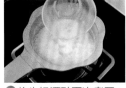

❹ 将牛奶酒酿再次煮开，淋上蛋液，关火搅散。

❺ 放至稍凉，加入蜂蜜调味即可。

冬季最爱的温暖系早餐之一，想吃的食材一锅就能搞定！5分钟的早餐料理，轻轻松松没压力！

烹饪秘籍

● 因为牛奶容易煳锅，所以全程要保持小火，不要盖锅盖。

蔬菜鸡蛋杯

鸡蛋的创意料理

一口咬下去，鸡蛋的浓郁、蔬菜的清香，不同口味巧妙地融合在一起。

用料

洋葱50克·青椒30克·培根1片·菠菜50克·鸡蛋3个·牛奶20毫升·黑胡椒1/4茶匙·食用油适量

参考热量（千卡）

洋葱50克 ……………	20
青椒30克 ……………	6.6
培根10克 …………	39.4
菠菜50克 ……………	14
鸡蛋150克 …………	208.5
牛奶20毫升 ………	13
合计………………	**301.5**

做法

❶青椒洗净、去蒂，切成小丁；洋葱洗净，去皮、切丁；培根切片。

❷锅中放油，放入青椒丁、洋葱丁和培根片翻炒，加入黑胡椒炒熟。

❸菠菜洗净、去根，切碎。

❹准备一个玛芬的模具烤盘，里面放上纸杯。

❺均匀地放入炒好的馅料。

❻再放入菠菜。

❼鸡蛋在碗中打散，搅拌均匀。

❽将蛋液与牛奶均匀地倒入纸杯中。

❾将烤箱提前预热至180℃，将烤盘放入烤箱，烤15分钟至蛋液凝固即可。

烹饪秘籍

● 喜欢奶酪的，可以在蛋液表层撒上一层马苏里拉奶酪，再入烤箱烤制。

吃出健康系列

 西餐轻松做

 懒人厨房

 烤箱料理

 好好吃懒懒做

 懒人快手营养早餐

 懒人下面条

 花样烤箱料理 快捷 营养 美味

 懒人健康菜

 烤着吃才香

 烤箱轻食

 懒人快手做一餐

 午餐 Lunch

 米饭最佳伴侣

 米饭爱小炒

 烘焙精巧

 好汤好菜

 意面和比萨

 不可一日无肉

 零失败家常菜

 零失败家常菜

 回家吃饭

 一碗好酱 一桌好菜

 蒸炖煮一本全

 鱼 我所欲也

 原汁原味好吃蒸菜

 清粥小菜

 麻辣鲜香煲嘴川菜

 花样主食

 爱吃馅

 野餐便当

 缤纷饮品

 日料与韩餐

 炒饭炒面

 在家吃火锅

 面包上的100种早餐

 果汁 果酱

 凉菜凉面

 调好味做好菜

 用对锅做好菜

图书在版编目（CIP）数据

萨巴厨房. 高蛋白低碳水优质早餐 / 萨巴蒂娜主编. —
北京：中国轻工业出版社，2021.8
ISBN 978-7-5184-3575-3

Ⅰ.①萨… Ⅱ.①萨… Ⅲ.①食谱 Ⅳ.
①TS972.12

中国版本图书馆 CIP 数据核字（2021）第 128085 号

责任编辑：张　弘　　　责任终审：高惠京
整体设计：锋尚设计　　责任校对：晋　洁　　责任监印：张京华

出版发行：中国轻工业出版社（北京东长安街6号，邮编：100740）
印　　刷：北京博海升彩色印刷有限公司
经　　销：各地新华书店
版　　次：2021年8月第1版第1次印刷
开　　本：710×1000　1/16　印张：12
字　　数：200千字
书　　号：ISBN　978-7-5184-3575-3　定价：49.80元
邮购电话：010-65241695
发行电话：010-85119835　传真：85113293
网　　址：http://www.chlip.com.cn
Email：club@chlip.com.cn
如发现图书残缺请与我社邮购联系调换
201595S1X101ZBW